跟着老厂长喝茶去

许怡先

著

九州出版社
JIUZHOUPRESS

图书在版编目（CIP）数据

跟着老厂长喝茶去 / 许怡先著. --北京：九州出
版社，2023.10

ISBN 978-7-5225-2189-3

Ⅰ．①跟… Ⅱ．①许… Ⅲ．①普洱茶－茶文化－云南
Ⅳ．①TS971.21

中国国家版本馆CIP数据核字（2023）第181633号

著作权合同登记号：图字01-2023-4078

跟着老厂长喝茶去

作　　者　许怡先　著
选题策划　于善伟
责任编辑　王　佶
封面设计　吕彦秋
出版发行　九州出版社
地　　址　北京市西城区阜外大街甲35号（100037）
发行电话　（010）68992190/3/5/6
网　　址　www.jiuzhoupress.com
印　　刷　北京盛通印刷股份有限公司
开　　本　880毫米×1230毫米　32开
印　　张　7.75
字　　数　160千字
版　　次　2023年10月第1版
印　　次　2023年10月第1次印刷
书　　号　ISBN 978-7-5225-2189-3
定　　价　78.00元

推荐序

向老厂长学习，开创当代普洱品饮及收藏的新篇章

杨子江

在投资行业里，从早期最热门的创业投资（VC）、私募股权基金（PE），到近年来最流行的另类投资（alternative investment），普洱茶也悄悄地出现在与艺术品、红酒并列的热门另类投资品项中。嗅觉敏锐的人士都想一窥究竟。大家都想既品茶又投资。我个人从读书、教书到任职以投资为专业的金融机构，其实都是在学习与寻找界定有形及无形资产真实价值的方法，从而发现合理的价格机制。如果将这些累积多年的经验，应用到普洱茶的行业，便会发现普洱茶似乎是生存在另一个世界，让人感到如"雾里看花"，入不了门。

"说不清楚、讲不明白"，永远是品茗及收藏普洱茶最大的障碍，尤其是大家追捧的 2000 年以前的老普洱。究其原因最关键的就是，以往每一片茶本身几乎都没有清楚标示来源产地，即哪个山头、哪个寨子、哪个年份的哪一季的茶叶，更不用说食品安全

认证的机制。也因为产品标示不清，为了找出蛛丝马迹，以昭公信，业内每个人都得戴上放大镜，从纸张大小，纸质厚薄，字体大小、粗细、颜色，印刷方式，折纸及包装方式中寻找差异，再界定产品名称及价格。为防止假冒，有些鉴定专家要求连包装纸都不能有打开的痕迹，否则价格会大打折扣。"到底是喝茶还是看纸？"成为每个想进入普洱世界的人心中最大的疑问。这时人们才了解，要知道在外面买到及喝到的普洱茶究竟是什么茶，是多么困难及复杂。难道2000年以后的普洱茶，还要继续这样不清不楚地走下去吗？

我有一些品普洱和收藏艺术品的山友，常定期聚会品茗、交换心得，也因此和许怡先相识。这群朋友从2000年开始涉猎普洱茶，品饮过古董茶、20世纪50年代的"红印""绿印"和70、80年代的"7542""8582""88青"，但还是停留在只能依赖专家解说，自己却无从分辨的阶段。普洱茶的古老和神秘，让我们感叹，没有引领，是不得其门而入的。

2008年，许怡先通过友人蔡致中先生的安排去了一趟云南茶山，带回来的讯息是：普洱茶已经进入新的时代，让我们这群老茶圈友燃起了探索"当代普洱"的兴趣。2010年9月的茶山行，则由我带团前往云南一探究竟，也见到了普洱茶一代宗师邹炳良。和邹老厂长的结缘，让我对普洱茶，尤其是对当代普洱的认识从此改观。邹老厂长不但制茶严谨，而且待人谦和，问无不知，知无不答，有如普洱茶的一本活字典。

我们一行人参观了国营转民营后的勐海茶厂，也造访了海湾茶厂，海湾茶厂自1999年创立以后，承袭了国营勐海茶厂时代的正统血脉，邹老厂长引领我们参观车间，我们亲眼看到他制茶的用心和专业。邹老厂长一生都致力于普洱茶的标准化，制定了国营勐海茶厂早期经典作品"7542""8582"产品的标准和拼配规范。2004年，海湾茶厂生产的"班章七子饼"茶在包装纸的原料说明上，印了"西双版纳勐海县班章茶青"字样，就已有了"原产地"标示的概念。2011年，他更进一步与我们合作，将现代科技运用在当代普洱的溯源管理和履历认证上，建立了新的防伪保真标准体系，让大家耳目一新。

我们在台湾接触到的"7542""8582"，是国营勐海茶厂的茶品，还是坊间小作坊仿的茶呢？凭良心说，真的摸不清楚，我们也问了很多资深的茶友，但是来源出处说不清楚，为迈进普洱老茶的门槛增加了许多阻碍和疑虑。直到我们见到了邹老厂长，亲耳听见他说"'7542'是我的配方！"并进一步询问他之后，才知道这一切混乱的成因。

原来，当时的配方级别虽然相同，但原料产区不同，拼配出每一批茶的味道便有所不同。因为当年是统购统销制度，客户订购的茶，由中茶公司统一下订单，茶厂便以同一个级别标准，针对不同的客户需求与不同的原料来源，拼配出不同的味道，所以代表产品的数字，是原料级别的统一标准，但却可以拼配出丰富多元的不同风味。邹老厂长的一段说明，破解了市场以偏概全的说法。

至于市场"认纸甚于认茶"的不成文但不得已的行规，邹老厂长很含蓄地一语带过："那个时代，印包装纸的印刷厂就有两三家，各家印出来的成品都不同，即便是同一家印的，每一批纸也不尽相同。简而言之就是印刷厂有什么纸，就用什么纸印，茶厂也就用什么纸包装。"这真是一语惊醒梦中人，大家才恍然大悟：邹老厂长可真是身上藏着普洱茶密码的制茶大师！

2012年9月之后，我以"中华普洱茶交流协会"创会荣誉理事长与团长的身份，接触了云南的产官学研、知名茶企和品质监督单位，做了许多交流和座谈，期间更拜访了多位制茶师。我认为以制茶师、茶企、产区风土、溯源管理和文化含金量为基础所建立的价值体系，将会成为当代茶产业新的主流趋势。同样的，台湾茶素负盛名，不论乌龙、包种还是东方美人，甚至红茶，都极受广大消费者追捧，如何因应这些趋势，值得大家重视，也是我们协会一直想努力推动的一件大事。

这本书不仅讲述了邹炳良大师一生制茶的风范，更重要的是让我们能够借以了解到邹老厂长的制茶工艺，以及他倾注一生心血建立普洱茶标准的坚持。希望有更多人能跟邹老厂长一样与时俱进，强调溯源管理及履历认证，进一步建立系统收藏的规范，如此才能延续传统制作工艺，共创当代普洱品饮及收藏的新篇章。

本文作者为中华普洱茶交流协会创会荣誉理事长。

推荐序

兼具品味与收藏功能的新茶道

王杰

　　普洱茶的品饮与收藏，和葡萄酒是相通的，两者都是以天、地、人作为优选的标准。气候、风土、品种、制作工艺与存放条件决定了一切。

　　在这些条件中，人是最重要的。制茶师如同酿酒师，地位崇高的制茶师作品，经常是藏家追捧的标的。在普洱茶的世界里，邹炳良是唯一得到"终身成就大师"名号的一代宗师。如以葡萄酒行业来比喻，邹炳良应被誉为普洱茶界的亨利·贾叶（Henri Jayer）。贾叶过世后，普世公认接下勃艮第酒神棒子的，就是乐华酒庄（Leroy）的拉露女士（Lalou Bize-Leroy）。我个人认为，若从传承的角度来看，邹炳良也可与拉露女士相提并论。因为他从1957年进入国营勐海茶厂后，以检验与审评的专业，在普洱茶的标准体系上多所突破，他后来创办的海湾茶厂，更兼具了传承当代普洱商帮文化的价值。早期国营勐海茶厂就像是康帝酒庄

（Domaine de La Romanée-Conti，简称DRC），而海湾茶厂就像是乐华酒庄，国营勐海茶厂早年的制作工艺、普洱茶的正统血脉，实际上也由海湾茶厂与邹炳良这位顶级制茶师传承了下来。

我经常跟怡先讨论普洱茶和葡萄酒的相同之处。从不同的产区，在不同的年份，出自不同的制茶师，它的口感与品质也必定不同。基本上，顶级制茶师会找到他心目中理想的茶林产区，掌握不同年份的气候条件，依照产区的风土特色，制作出风味绝佳与具有个人特色的作品。但邹炳良不只如此，他拼配制作的工艺还可把不同产区的特色扬优隐次、扬长避短，做出完美的结合，将拼配工艺发挥到极致。拼配标准相同，但茶品可以更丰富多样，值得大家细细品味。

怡先也和我聊到，以系统收藏来说，葡萄酒能做到的，为什么普洱茶做不到？我对他从葡萄酒的角度来解读普洱茶的全新观点深感认同。以法国葡萄酒的地方标准和原产地规范来看普洱茶，普洱茶的新时代将会到来。葡萄酒的法定产区根据行政区域的范围大小，已经有分级了，普洱茶为什么不能也以省、州、市、乡、村、寨、特级茶园来分级？普洱茶的分级目前还欠缺有如红酒产业般严谨的系统标准和规范，但我们可以学习葡萄酒，让普洱茶做系统分级。

葡萄酒是必须在好的管理环境与标准的酒窖中保存，好的恒温恒湿条件深深影响着葡萄酒的熟成与价值。普洱茶的陈化，传统做法是存放在干仓或湿仓，新时代陈化的方式会依据不同区域的气候条件与温湿度，进行人工控管，定出不同地方自然条件的标准自然仓，例如：马来西亚的自然仓、香港的自然仓、台湾的自然仓，甚至云南的自然仓。自然仓让普洱茶在各地的好环境中长时间熟成后，风味会变得非常丰富多元而独特。另外，普洱茶还欠缺有如红酒产业般完整的审评机制和权威的专业媒体。期待在大家的用心与努力下，普洱茶的审评规范能建立起来，成为收藏和品饮的依据和保障。

葡萄酒体系是由许多元素来定位葡萄酒的价值，其中人是关键。如果目前西方顶级的酿酒师是拉露女士，当代普洱顶级的制茶师就是邹炳良。我们相信西方的葡萄酒和东方的普洱茶会是异曲同工，因为酿酒师和制茶师在文化、传承上扮演的是同样举足轻重的角色。

在此，谨向普洱茶的一代宗师邹炳良致敬！

本文作者曾任中华普洱茶交流协会第一副理事长。

普洱茶不该只是外界看到的天价炒作，重视普洱茶的历史文化，以制茶师作为正统血脉的传承，才是拨乱反正之道。

神秘又古老的茶

自序

在 2018 年的香港秋季普洱茶拍卖会上，1 件（84 片）1985 年出厂、代号"8582"的中期普洱茶，以约 445 万元落槌；4 筒（28 片） 2003 年出厂的"六星孔雀"班章生态茶，创下约 400 万元的成交纪录。在 1992 年的时候，1 筒（7 片）"福元昌号"普洱古茶的拍卖成交价约 2 万元，到 2019 年已飙涨至约 2222 万元，增值 1000 倍之多！

普洱茶，这个神秘又古老的茶品，在短短 30 年间，价格翻了1000 倍。这虽然是非常极端的例子，但从此也可看出普洱茶与其他茶品的不同与其特殊之处。

早在 1800 年前的三国时期，张揖所写的《广雅》一书，就提到了"荆巴间采茶作饼"，这是最早记载饼茶的史料。

唐代陆羽《茶经》记载唐朝人喝茶的盛事，尤其是法门寺出土的唐僖宗时期的茶具，更证明唐朝人有用茶笼来烘烤团茶的习惯。

宋代文人喝茶更为普遍，"挂画、点茶、插花、焚香"被称为"四般闲事",宋徽宗在《大观茶论》中更提到:"本朝之兴,岁修建溪之贡,龙团凤饼,名冠天下。"

明朝朱元璋洪武二十四年推动"废团茶、兴散茶"的政令,产在云南的普洱饼茶团茶,却因地处偏远、政令未达,而流传了下来。

到了清朝,普洱茶在雍正年间成为贡茶。乾隆时期更是普洱茶的文化复兴时期。乾隆有一首诗提到"独有普洱号刚坚",他曾以普洱茶作为国礼,送给安南国王,为普洱茶在南洋的开花,播下了一颗高贵的种子。

1938年以后,中茶公司在云南设立普洱茶厂,是普洱茶发展的新起点,其中首屈一指的是国营勐海茶厂。当时的普洱茶饼,还保留团茶旧制。20世纪50年代,邹炳良先生、卢国龄先生等许多专业人士陆续任职国营勐海茶厂,更为普洱茶制定了生产作业和品质控管的标准规范。

1990年以后,两岸爱茶人士的互动与参与,再度开启了精品茶的时代。

要了解普洱茶,就要先找到普洱茶界的泰斗,而邹炳良先生,是最佳人选。

邹炳良先生于1957年进入国营勐海茶厂,1984年接任总厂长,直到1996年年底退休。在1973年和昆明茶厂的吴启英先生前往广东,考察学习用渥堆法制作普洱茶的工艺技术,编写普洱熟茶渥堆发酵的制作工艺手册,被誉为熟茶教父,并于1975年为普洱茶的拼配配方定义了拼配技术。而他在80年代为香港的南天公司量身定做的"8582"，以及 1988 年制作的"7542"青饼，更被茶界视为风云茶品。这些故事，喝普洱茶的人都耳熟能详，但从来没有人见过大师本尊。

最让我感到好奇的是，"红印""绿印""小黄印""7542""8582"还有"88 青"这些知名茶品，在国营勐海茶厂的历史上，竟然都与邹炳良老厂长有关。在普洱茶的圈子里，喝茶的人、写茶书的人、卖茶的人，有很多都提到这些茶品，唯独老厂长从来没有直接站出来现身说法。

2010 年 12 月，通过云南省台办蒋贵生女士的安排，我终于与普洱茶终身成就大师邹炳良先生会面。与老厂长交往、互动的这些年来，让我领略到他是一个身上藏着普洱茶密码的人，更是一本当代普洱的活字典。

我的一群喝红酒也品普洱的朋友，把老厂长在普洱茶界的制茶教父地位，比喻成红酒界的女王拉露女士，海湾茶厂就像勃艮第的乐华酒庄。普洱茶和红酒有那么多的相通之处，以职人技艺和知名产区原料制造的红酒，可以创造出惊人的价值，普洱茶也当如此。

"普洱茶生在云南，长在香港，开花在南洋，结果在台湾，落地在大陆。"两岸普洱茶第一人邓时海老师的这一句话，为普洱茶身价飙涨千倍的传奇，做了最佳注解。在飙涨传奇的背后，其实隐藏了普洱茶一代宗师邹炳良的制茶功力。因此，我以邹炳良先生制茶 60 年的几款代表茶品故事为"经"，邓老师提出的普洱茶传播推广路径为"纬"，加上个人将近 30 年的心得总结，希望能为普洱茶的爱好者一一解码。

　　普洱茶不该只是外界看到的天价炒作，重视普洱茶的历史文化，以制茶师作为正统血脉的传承，才是拨乱反正之道。正本清源，不要在老茶说不清楚、讲不明白的混乱里打转，从当代普洱讲求溯源和认证的新世界去识茶、选茶、品茶，才能真正体会普洱茶之美。

　　来吧，让我们一起跟着老厂长喝茶去！

目 录

重建号字级的商帮文化

班章风云起，谁与争锋

从学习识茶、选茶开始，跟着老厂长喝茶去！

楔子

轰动京师，接轨国际的非遗大展

2017 年的 10 月下旬，我正在云南安宁市的海湾茶厂和邹炳良老厂长（以下统称"老厂长"）喝茶，老厂长的女婿王海强拉我到一边，对我说："许哥，你做文化的，要不要去一趟北京，恭王府博物馆正在展我们的东西，可能 10 月底就要结束了。"我立刻买了飞北京的机票赶过去。大展在北京恭王府博物馆的西厅举行，展场人山人海，王海强给我一张工作证，让我顺利看展，亲眼见识了盛况。

老厂长在 2007 年已获得"普洱茶终身成就大师"的殊荣。2017 年，文化部策划"非物质文化遗产"[1] 系列大展（简称"非

---

1 又称"无形文化遗产"，是指由联合国教科文组织所认定，对某地区具有文化传承重大意义的智慧财产，如民俗、信仰、传统工艺、方言等。

北京恭王府博物馆展场外放置了老厂长与卢厂长的大幅照片。

遗大展")。老厂长和卢国龄先生(以下统称"卢厂长")受邀展出"普洱茶熟茶渥堆发酵[1]工艺大展",是普洱茶界的"唯一"。有别于在广州由茶流通业、茶产业所主办的以茶为主体的国际茶叶博览会,恭王府博物馆的大展则属于文博体系,职人文化才是主角,目的是凸显制茶师的重要性,由制茶师来引领制茶技艺传承,守护茶文化。

这场盛大且别具意义的展览,把老厂长推上了当代普洱武林至尊的巅峰,确立了他一代宗师的地位。

"泰山"与"北斗"的一场世纪相遇

次年(2018)11 月 7 日,台湾的邓时海老师(以下统称"邓老师")接受云南农业大学的邀请,主持一个普洱茶收藏的讲

---

1 是普洱茶熟茶制作过程中的发酵工艺,也是决定熟茶品质的关键点。目的是通过添加的菌种的呼吸作用产生水分及改变温度,使茶叶中的叶绿素被破坏,氧化产生茶黄素及茶红素,并将蛋白质水解为味道甘甜的氨基酸,使茶叶能够及早适合饮用。

座。讲座结束前，我和邓老师商量能否请他和老厂长见个面。他告诉我，他在25年前老厂长担任厂长的后期，曾到国营勐海茶厂去看过老厂长，之后就再也没有机会相遇了，所以很开心地一口答应。

如果说老厂长是普洱茶的"泰山"，那么邓老师就可以说是普洱茶的"北斗"。邓老师被誉为普洱茶的两岸第一人，主要是因为他于1993年受邀参加云南第一届普洱茶国际论坛，发表了一篇题为《越陈越香》的文章，1995年也在台湾出版了一本名为《普洱茶》的专书（壶中天地出版），掀起了普洱茶的文化复兴。这场文化复兴不只开启两岸人民喝普洱茶的风气，也让普洱

老厂长的"老同志"卢国龄（右）与女儿邹小兰（左，代表老厂长），在恭王府的大展上接受文化部颁发的高级顾问聘书。（海湾茶厂提供）

邹炳良（左）、邓时海（右）两位大师的相会，我有幸躬逢其盛。（杨文景提供）

普洱茶"泰山"与"北斗"家族友人的一场世纪相遇。前排左起：卢厂长、老厂长、邓老师、区少梅教授，后排：邓老师公子（左一）、老厂长长孙女邹和芳（左三）、邹小兰（左四）、王海强（右四）。（张永贤提供）

茶连年得到大陆茶叶"公用品牌"第一名的殊荣。所以在引领普洱茶的品饮风潮上，邓老师扮演着重要的角色。

　　一位是国家级的普洱茶非遗传承人（"非物质文化遗产传承人"的简称）、终身成就大师，一位是两岸普洱茶文化的第一人，他们两位普洱茶界的重量级人物，终于在2018年11月11日，再次相会了。

　　这一次"泰山""北斗"的相会，两位大师在普洱茶的推广和传承方面做了许多交流，从文化复兴到制作工艺的非物质文化遗产传承，都是两位大师关心的重点，他们一致认为，应该重新以正统血脉结合文化复兴，来创造当代普洱的新价值。邓老师还向老厂长说："米寿八十八，茶寿一百零八，我们两个还年轻，要一起为普洱茶的推广，做出有意义的事。"

与老厂长的结缘始末

　　我和老厂长的结缘要从2010年说起。通过云南友人张永贤牵线，我认识了省台办蒋贵生女士。蒋女士特别安排，引见五大茶企[1]负责人。面对普洱茶的乱象，我们希望在溯源和保真方面提出合理可靠的做法，但五大茶企都未能参与其中。反倒是前国营勐海茶厂总厂长、现任海湾茶厂董事长的邹炳良先生挺身而出。蒋贵生说她完全没想到，竟是已经70多岁的老厂长站出来，响

1　"茶企"即与制茶相关的企业。当年云南省台办推荐的五大茶企为：大益、下关、中茶、龙润、龙生。

应推动当代普洱溯源保真的行动。

通过蒋贵生的安排，我与老厂长在昆明蔼若春餐厅第一次碰面。老厂长对于普洱茶的溯源管理、电子身份证、国家地理标志（即"国家级原产地保护产品标志"）保护产品的推动不仅欣然接受，也非常认同这是普洱茶必须要走的道路和趋势。

目前普洱茶市场上，班章[1]1片可以卖到上万人民币，但在我们下榻的饭店却是3片100块人民币，不仅让消费者摸不着头绪，也让政府与茶企为打假而疲于奔命。本书的重点除了介绍沿袭国营勐海茶厂血脉的海湾茶厂，也想把近代重量级的普洱茶来源出处说清楚，为市场上鱼目混珠的情况正本清源。

我在自己出版的《红酒能，普洱茶为什么不能》一书中，就是用红酒的系统来整理普洱茶的系统。但我一直觉得少了点什么，等看到老厂长、卢厂长在恭王府博物馆举行的非遗大展，我才领悟到，普洱茶在职人文化方面，还需要有一个系统性的整理。

近20年来联合国教科文组织针对世界非物质文化遗产，提出了以人为本的"工匠技艺"作为传承的关键，职人文化于是广受重视。我也曾和台湾的一些制茶师交流，他们走的是纯粹制茶技术的路线，也就是如何制作好茶，可惜却少了职人文化的韵味。

---

1 班章，指的是云南省西双版纳傣族自治州勐海县布朗山乡一个占地广大的普洱茶产区，下辖老班章、新班章、坝卡囡、巴卡龙、老曼峨五个寨子，均以生产优质珍稀的普洱茶著称。

制茶的学问暗藏挑好茶的密码

老厂长制茶生涯中有两段重要时期,第一段是1957—1997年的国营勐海茶厂时期,第二段则是1999年创立海湾茶厂迄今的21年。

为什么说老厂长是一部当代普洱茶的活字典? 除了老厂长的个人人格特质外,更因为他一生都在做普洱茶分级的标准化工作。

40多年前,他便订出了"7542"的拼配标准。当年的商品茶,老厂长知道用什么产区、什么茶树品种,能凸显什么样的特色。什么产区的茶树品种,用什么样的锅温,多少时间炒青、杀青,还有用什么样的揉捻程度……处处都是学问。

老厂长能根据顾客需求,拼配出不同味道与口感的茶,这本事令人佩服。(海湾茶厂提供)

以传统杀青为例：杀青锅温，在 100°C 上下，临沧地区鲜叶杀青的时间，约 20 分钟，可是勐海地区的茶叶，杀青时间却要 30 分钟以上。掌握这样的规律，再细分原料粗、细、老、嫩跟产区的差别。这些都是经验的累积。不同的拼配比例，竟然能够让三四十年之后的"7542""8582"，产出完全不同的韵味，丰富的变化令人回味。也只有老厂长有这样让人信服的本事。

有如神农尝百草，老厂长尝遍千山万树的普洱茶原料，掌握了不同产区、茶树品种及制作工艺的特性。后来我才明白，老厂长能为爱茶者做出各种不同味道与口感的茶的秘诀，就藏在这里。

接下来，老厂长将在许多小故事中现身说法，为读者破解市场的谜团，也为想进入普洱茶领域的人开启一条新路径，消除对普洱茶的许多疑虑跟迷思，让所有人都能放心选茶、喝到安心的好茶。

代表皇室宫廷文化的"龙团凤饼"，
因明朝朱元璋的废团改散而中断。
但远在云南的普洱茶，因地处偏僻，
所以仍保留团茶的形制。

普洱茶的
前世今生

I

第 一 章

大叶种乔木茶树传奇

普洱茶，是茶树的名称，也是国家法定产区定义的一种茶品。只有生长在云南省内 11 个州市、639 个乡镇范围内，从大叶种乔木茶树采摘下来的茶叶，晒成青毛茶，以自然后发酵，或人工发酵的茶，才能称为普洱茶。

之所以限定大叶种乔木茶树，是因为它的儿茶素含量在 32％以上，最适合制成普洱茶，而小叶种乔木茶树的儿茶素只有 28％。

普洱茶产自云南，历史上可以找到许多证据。每年春季或农历七月二十三日（相传为诸葛亮诞辰），云南的哈尼族、基诺族、壮族、佤族都会举行普洱祭茶仪式。西双版纳是普洱茶的古

早期班章古茶树。

大叶种乔木的嫩叶，最适合制成普洱茶。

这棵树主干粗直，在中段横向分支，且与主干的粗细成长一致，再从斜坡木架的间距，可推测这是百年以上的老茶树。

老茶区，该地的勐腊县有海拔 1900 米的孔明山，现存多棵高达 9 米的茶树。这些云南的少数民族流传着普洱茶是诸葛亮引种撒籽成茶的说法，其中基诺族还世代尊奉诸葛亮为茶祖。

唐宋的茶饼是绿茶而非普洱

茶文化的蓬勃发展，是在唐宋时期。谈到龙团凤饼，仍要追本溯源，从唐宋的茶文化说起。唐代陆羽的《茶经》，第一句话就说：“茶者，南方之嘉木也。”不过，唐宋的龙团凤饼喝的是绿茶团茶，唐宋的炙茶、点茶、烹茶文化与大清的贡茶——普洱团茶，在本质上并不相同。根据法门寺唐代地宫出土的器物当中的一套皇室御用金银茶具，对比陆羽《茶经》中的描述，我们可知当时的团茶饮用步骤大致上是：

1. 焙炙——将茶饼稍微烘烤使其干燥。
2. 碾碎——把干燥的茶饼放入特制的容器里碾碎。
3. 筛罗——将碾碎的茶叶过筛，取其精华。
4. 煮水并加盐——将泡茶的水煮开，并加点盐调味。
5. 加入碾碎的茶末，分煎茶法和点茶法两种。
6. 品茶。

这些品茶步骤与精致的茶器，后来又传入日本，并被加以改良，成为日本的茶道文化。

值得一提的是，陆羽《茶经》里说茶出巴荆，却未提及普洱，据后人揣测，应是云南古时被称为瘴疬之乡，地处偏远，又

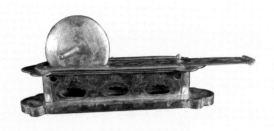

唐鎏金飞鸿球路纹笼子，
为烘烤团茶的器具。

唐鎏金鸿雁流云纹银茶碾子，用于碾碎烘烤后
的团茶，为唐僖宗所有。

有云贵高原屏障，在陆羽时代交通的困难度高，所以《茶经》并
未将此地茶品列入。

品茶成为皇室贵族与文人的专利

宋代则有许多文人雅士讲究茶艺、品茶。最出名的有欧阳
修、蔡襄跟苏轼。其中苏轼是个十足的茶痴，甚至自己种过茶，
并写下大量与茶有关的诗与词。世人更把他的两首诗串成一副对
联，上联是"欲把西湖比西子"，下联是"从来佳茗似佳人"。

"从来佳茗似佳人"出自《次韵曹辅寄壑源试焙新茶》[1]这
首诗，讲的是江西婺源的绿茶，但它却做成团茶一饼。在那个时
代，茶面还涂上油膏，是珍贵的礼物。所以苏轼提到："要知冰

---

1 全诗为："仙山灵草湿行云，洗遍香肌粉末匀。明月来投玉川子，清风吹破武林春。
  要知冰雪心肠好，不是膏油首面新。戏作小诗君勿笑，从来佳茗似佳人。"

雪心肠好，不是膏油首面新。"而今普洱团茶本质已截然不同，茶面没有涂油，也不会拿来烤着喝。

北宋末年的徽宗皇帝和宰相蔡京，治国不行，却都是出色至极的茶艺师。徽宗著有《大观茶论》，他甚至会亲自为王公大臣和士大夫煮茶布茶，蔡京就曾记述皇帝在延福宫亲自布茶的故事："亲手注汤击拂，少顷白乳浮盏面，顾诸臣曰：此自布茶。"注汤击拂，是当时点茶程序中调和茶水的动作。

朱元璋废团改散，让茶饮向下普及

及至明朝，洪武二十四年（1391），朱元璋废团改散，希望这种只在上层阶级流行的文化，一般平民百姓也能体验。于是，茶饮从朝廷与显贵的专属往下普及，进入民间，成为平民日常之饮。

在宋朝，品茶是一种风气，它应该代代相传。这样的品茶文化从皇家、士大夫阶层的闲情逸致、风雅之事，演变成民间的生活之饮。可惜的是，自明代废团为散之后，唐宋的茶饮文化至今已几近荡然无存，有待复兴，连代之而起的大清普洱贡茶文化，也在官马大道的荒草中香火中断。

话说贡茶制度

宋朝是一个极讲究茶道的时代，上自皇室、文武百官，下

《撵茶图》，南宋刘松年绘，生动再现了宋代点茶茶艺的过程。（台北故宫博物院藏）

《茗园赌市图》，南宋刘松年绘，为茶画史上最早反映民间斗茶的作品。（台北故宫博物院藏）

至民间百姓，皆喜好喝茶、斗茶，并认为茶是一种身份品位的象征，这样的盛况，可谓是全民疯茶！

而宋人品茶、斗茶之风的兴起，与宋代的贡茶制度密不可分。民间斗茶，评定茶的品级等次，胜出的就成为向宫廷进贡的贡茶。斗茶即是比赛茶，又叫作斗茗、茗战。斗茶分割出来，作为一项游戏叫"茶百戏"，在宋代，斗茶可谓风靡一时，茶文化内涵也深入百姓的生活之中。每年清明节期间，新茶初出，最适合参斗。斗茶始于唐，盛于宋，从古代文人的一种雅玩，到百姓生活的乐趣，演变成现代茶艺、茶叶比赛的起源。

宋朝的贡茶是专门进贡给皇室。由北苑御茶所督造，宋人称它为官焙、龙焙，根据规格和标准制作许多样式精美的贡茶。北苑御茶天下一绝，制茶工艺的精妙，被许多文人名家歌颂，更有各种茶诗、茶书的出现，可见在宋朝贡茶文化的重要。

龙团凤饼名冠天下

北苑御茶最高档的贡茶称作"龙团凤饼"，也叫"龙凤团茶"，是宋代的皇室贡茶。宋徽宗曾在《大观茶论》中说："本朝之兴，岁修建溪之贡，龙团凤饼，名冠天下。"

龙团凤饼以制作工艺精湛著称，采用鲜嫩茶芽，经过蒸青、压榨、研磨、造型、干燥、压印等工序精制而成，茶饼表面上印有凹凸的龙或凤的图形纹饰，甚至还用纯金镂刻金花点缀，精致华美。

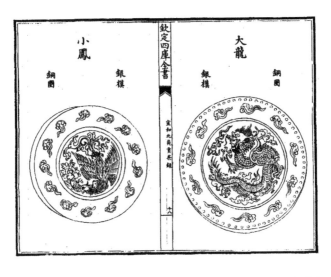

宋代熊蕃所著的《宣和北苑贡茶录》中记载的龙团凤饼图样。

宋代的龙凤团茶制作开始于宋太宗时期，起初是一斤八饼的大龙凤团茶。宋仁宗庆历年间，任福建转运使的著名书法家蔡襄亲自监制北苑贡茶，精制了一斤二十饼的小龙凤团茶。宋神宗时增添比"小龙团"还精美的"密云龙"团茶。宋哲宗年间，又研制出更精湛的"瑞雪翔龙"团茶，而到了宋徽宗时，制茶更加精益求精，创出"新龙团胜雪"的团茶。北苑贡茶是茶精致文化的典范。

及至清朝，从雍正到清末，普洱茶的龙团凤饼再度成为大清的贡茶。其他产区的六大茶类，都以散茶为主，唯独普洱茶是以饼茶为主。

龙团凤饼走出故宫

代表皇室宫廷文化的"龙团凤饼"，因明朝朱元璋的废团改散而中断。但远在云南的普洱茶，因地处偏僻，所以仍保留团茶的形制。直到雍正时期，由于云贵总督鄂尔泰在云南施行改土归流政策，开始了普洱地区的茶叶贸易，并经由云南巡抚沈廷向朝廷进贡茶叶，云南的普洱茶遂以团茶面貌成为贡茶之一，接续历史断代，逐步走向繁盛局面。因其他进贡茶叶都是"贵新贱陈"，唯有普洱茶越陈越香，清朝的乾隆皇帝尤为喜爱，还嘲笑陆羽没有将普洱列入《茶经》之内。

台北故宫博物院收藏的海棠式红地茶盘上，有嘉庆皇帝的御制诗，该诗生动地描述了得到南国岁贡普洱茶后，煮水品茗的愉快心情。从诗境中可得知嘉庆皇帝对普洱亦是钟爱有加：

佳茗头纲贡，浇诗必月团。竹炉添活火，石铫沸惊湍。

鱼蟹眼徐扬，旗枪影细攒。一瓯清兴足，春盎避清寒。

清朝历代皇帝不仅喜好品普洱，还将普洱茶作为赠送外宾及赐给臣子的礼物。如查慎行的《谢赐普洱茶》："洗尽炎州草木烟，制成贡茗味芳鲜。筠笼蜡纸封初启，凤饼龙团样并圆。赐出俨分瓯面月，瀹时先试道旁泉。侍臣岂有相如渴，长是身依瀣露边。"

从上列诗可清楚看出清朝把普洱茶定义为龙团凤饼，团茶文化在清朝，是由普洱茶传承下来的。

2013年我读到故宫博物院院长单霁翔在中国嘉德拍卖公司的一篇演讲文，当中提到故宫藏有清朝留下的很多普洱茶团茶。另外，一篇报道也指出"故宫留有七十六箱清朝普洱茶"，让我更为感慨宋代茶文化的失传。龙团凤饼的形制，只有普洱茶

清朝海棠式红地茶盘，盘底有嘉庆皇帝的御制诗。
（台北故宫博物院藏）

	唐宋龙团凤饼	普洱团茶
名称由来	北宋太平兴国三年（978）福建建安北苑贡茶。	1. 传说三国时期诸葛武侯遗种。 2. 宋朝以云南"紧团茶"销往川藏，被命名为"普茶"。 3. 明朝（《滇略》）：士庶所用，皆普茶也。明代至清中为鼎盛时期。 4. 雍正十年（1732）普洱茶被列入清宫《贡茶案册》。
形制规格	饼状团茶，属蒸青片类茶，以定型模具压制成方形、菱形、花形、椭圆形。 • 八饼 / 斤，二十饼 / 斤 • 直径：1.2 寸至 3 寸 • 直长：3.3 寸至 3.6 寸 • 横长：1.5 寸至 3 寸	《普洱府志》记载，每年贡茶四种。 • 五斤团茶 • 三斤团茶 • 一斤团茶 • 四两团茶
制作工序	采茶、拣茶、蒸茶、榨茶、研茶、造茶、过黄。	生茶：采摘、摊晾、萎凋、杀青、揉捻、晒青、称重、蒸压、干燥、包装。 熟茶：生茶工序至晒青、渥堆发酵、翻堆、干燥、分筛、拣剔、压制、包装。
终　　结	元朝渐次淘汰，明洪武二十四年废团改散。	1912 年 2 月结束对清廷入贡。
历史脚注	1. 苏东坡《一夜帖》：团茶一饼是珍贵礼物。 2. 蔡襄《暑热帖》：精茶数片是宋朝北苑贡茶的极致。	1. 普洱称为龙团凤饼（大清）： 　①康熙年间清初诗坛六家之一的查慎行诗句。 　②乾隆皇帝诗。 　③嘉庆御诗。 2. 故宫尚存 76 箱超过 150 年的普洱贡茶。

苏轼《致季常尺牍》，又名《一夜帖》。（台北故宫博物院藏）

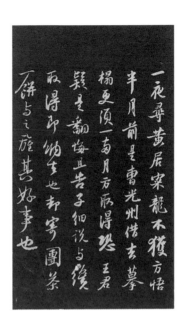

蔡襄的行草书法《暑热帖》，又名《致公谨尺牍》。（台北故宫博物院藏）

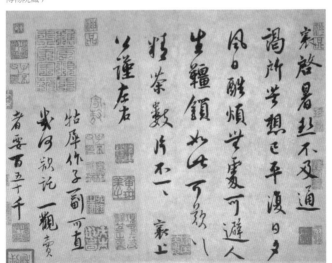

传了下来。故宫的藏茶已不再是宋代的团茶，而是普洱茶。

这也是我们以普洱茶来推动龙团凤饼，并希望与当代艺术文化结合，推动"龙团凤饼走出故宫"的主因。

普洱茶的五个断代

"古、老、中、青、新"是普洱茶的"断代"口诀。

"古普洱茶"指的是从清朝到 1950 年以前、茶庄尚未国营化时制作的茶，主要是号字级的古董茶。

"老普洱茶"指的是 1951—1975 年，中国茶叶公司云南省分公司国营茶厂早期制作的茶，包装纸上的字样为"八中茶字"及"中茶牌圆茶"。

"中年普洱茶"指的是 1976—1999 年国营茶厂工艺标准化时期制作的茶，包装纸上的字样为"云南七子饼茶"。老厂长也是在这个时代，于国营勐海茶厂推出了"7542""7532""7572"等七子饼茶。20 世纪 80 年代后期，中茶公司云南省分公司取消了统购统销的产销分工规范，也开启了国营茶厂自定品牌和自顾营销的时代。

"青年普洱茶"指的是 2000—2010 年，国营普洱茶厂解体转售给民营的民族企业，以及国营茶厂员工自行创立新式小作坊茶厂时期制作的茶。这 10 年也是当代普洱的滥觞，如同春秋战国时代般乱象十足，但也是百花齐放、百家争鸣的时代。

"新普洱茶"指的是 2011 年 4 月，云南省农业厅公告"普

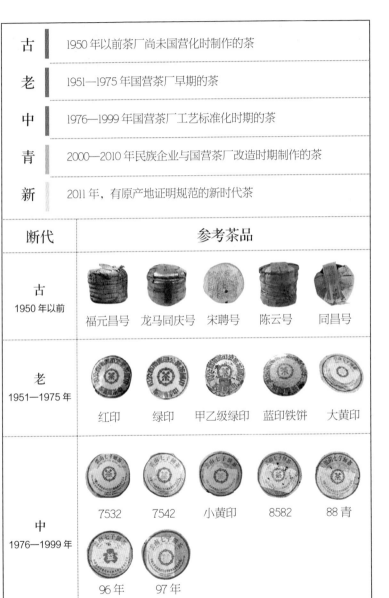

古	1950 年以前茶厂尚未国营化时制作的茶
老	1951—1975 年国营茶厂早期的茶
中	1976—1999 年国营茶厂工艺标准化时期的茶
青	2000—2010 年民族企业与国营茶厂改造时期制作的茶
新	2011 年，有原产地证明规范的新时代茶

断代	参考茶品				
古 1950 年以前	福元昌号	龙马同庆号	宋聘号	陈云号	同昌号
老 1951—1975 年	红印	绿印	甲乙级绿印	蓝印铁饼	大黄印
中 1976—1999 年	7532	7542	小黄印	8582	88 青
	96 年 紫大益	97 年 水蓝印			

1999 年以前之古、老、中期参考茶品。

老厂长与茶友车海涛（左一）、张永贤（右二）与我交流意见，
讨论龙团凤饼是否需要回故宫，跟着老厂长喝茶去！

洱茶原产地证明"暨"国家地理标志保护产品"正式实施之后的
新时代茶。

国营勐海茶厂见证了这五个断代的历史，并参与其间。而
当中耕耘多年，与国营勐海茶厂和普洱茶密不可分的重量级人
物——邹炳良老厂长，更是为普洱茶开创新局面的关键人物！
如何以人为主体，穿越历史，把茶和文化串起，鉴往知来，承先
启后，老厂长认为，应把普洱的龙团凤饼变成平常居家之饮，让
天下人都喝得到。因此他以当年制作贡茶的标准来制作现在的精
品茶，希望让高品质的普洱茶不再是奢侈品，也不再是官方的御

茶，当然就不需要再回故宫了。

好茶不再进贡，是要大家一起喝的！这就是老厂长多年不变的初衷。

神秘又古老的茶

普洱茶既然如此历史悠久，
又有完整的证据和保存纪录，
想要更深入了解它，
就需要一位精通普洱茶的超级达人解密。

制定规范，
开启国营勐
海茶厂前传

I

第 二 章

一部普洱茶的活字典

　　普洱茶既然如此历史悠久，又有完整的证据和保存纪录，想要更深入了解它，就需要一位精通普洱茶的超级达人解密。那什么样的人才够资格呢？邹炳良老厂长从20世纪50年代就进入国营勐海茶厂，耕耘了40年，制定了普洱茶熟茶[1]发酵技术标准和生茶[2]拼配技艺，不但拥有一身的绝技，更是一部普洱茶的活字典。

　　邹炳良生于1939年，云南省祥云县人，普洱茶渥堆方法探索、研究、奠基者。1957年进入国营勐海茶厂，1984至1997年1月间担任厂长、总工程师，堪称国营勐海茶厂任期最久的厂长。他同时也是云南省著名的茶叶审评专家，制茶至今已逾60年，被尊称为"普洱熟茶渥堆技术的创始人""普洱熟茶之父"，被授予"普洱茶终身成就大师"的荣誉称号。他撰写的普洱熟茶渥堆发酵制作工艺手册，是世界上第一套关于普洱茶生产、加工工艺和操作规程的专业教材，为普洱茶导入科学化的标准鉴定。

1　以云南大叶种晒青毛茶为原料，经过渥堆发酵等工艺加工而成的茶称为熟茶。熟茶以人工发酵技术，解决自然后发酵时间过长的问题，是快速发酵陈化的普洱茶。
2　生茶是茶青毛料压制成形后，以自然发酵的方式持续后发酵，未经渥堆发酵处理的普洱茶。生茶茶性较烈、刺激。新制或陈放不久的生茶有强烈的苦味、涩味，汤色较浅或黄绿。

创造熟普传奇，无役不与

1957 年，老厂长来到云南西双版纳傣族自治州的勐海县（旧称佛海），进入国营勐海茶厂工作，自此与普洱茶结下不解之缘。进厂后，很快就被分配到工厂的关键技术环节，从事茶叶审评与检验工作。1959 年，他以优异的成绩毕业于西南茶检班，并在西南商检局、昆明商检局学习，进修茶叶含铅量检验、茶叶生化分析，于 1963 年 3 月至 1965 年 10 月参加了当时外贸部、农业部联合开展的分级红茶研制工作。

1973 年，云南省派专业技术人员前往广东考察学习用渥堆方法制造普洱茶的工艺技术。老厂长和吴启英等人一同前往，回

老厂长仔细检查普洱茶的发酵状况。（海湾茶厂提供）

老厂长在审评间进行茶叶审评。（海湾茶厂提供）

一群台湾金融圈好友前往老厂长1988年建立的巴达茶叶原料基地参访。成员有：薛明玲（左一）、杨恩生（左二）、杨子江（中）、王杰（右二）、翁明正（右一）。

来后成功以人工加速普洱茶的发酵，进而持续进行普洱熟茶规范化、标准化定型生产的探索，成为现代普洱茶熟茶生产的技术领导者，开创了云南普洱茶快速发展的全新时代。

　　1984年，老厂长出任国营勐海茶厂第五任厂长、总工程师后，更改造恢复老茶园一万多亩，发展新茶园十万余亩，还在布朗、巴达地区[1]创建两个万亩茶叶原料基地，开创了国营勐海茶厂的辉煌时代，也成就了国营勐海茶厂的传奇。此外，他又创立了"老同志""大益"商标，提高"大益"的品质，并由当年的副

1　布朗茶山，位于勐海县布朗山乡东南部，靠近中缅边境。这里的布朗族，是世界上最早栽培、制作和饮用茶叶的民族。巴达茶山，位于勐海县西定乡，其中的大黑山，有六千多亩的古茶树群。

厂长卢国龄进行品牌推广和市场开拓，最终牢牢占据国内茶叶第一品牌的位置。

一身硬骨头，不靠关系，不畏人情

放眼当代普洱的历史，能手握关键制茶技术、贯穿古今的人，唯有老厂长了。他做茶如做人，一丝不苟，一身硬骨头，不靠关系，不畏人情，绝不低头，也不假手官方的资源，永远自己苦干实干，因此也吃了不少亏。

卢厂长说："在那么艰苦的环境下，老厂长从来不出去。就是守着他的标准，专注做茶。要生存就要有收入啊，但他就是不求人，不向权势低头，也不靠关系，不去讨人情。最后我只好亲自出马，到处找人买茶，甚至卖给部队。"

老厂长和卢厂长 1997 年从国营勐海茶厂退休后，没有挖角员工出来另起炉灶，而是受聘于云南省茶叶公司，到宜良茶厂担任高级顾问整整 3 年。我好奇地问老厂长的女儿邹小兰："离开国营勐海茶厂 3 年后才创办海湾茶厂，难不成是因为旋转门条款[1]？"她答道："不是，是为了要延续普洱茶的命脉。"

2000—2004 年之间，由于国营茶厂纷纷解体，国营茶厂的员工也各自散去，但像"7542""8582"这些国营勐海茶厂的常规茶品，在马来西亚及中国港台的市场需求颇大，许多从国营茶企

---

1 又称"公务员离职后利益回避条款"。

在安宁的海湾博物馆墙上，挂着老厂长、卢厂长领导海湾 20 年来奋斗的历程。

退休或被遣散的老员工，便自行成立小规模的作坊，替追求古树纯料的客商选料压饼做定制茶，大量小作坊因而兴起，填补了勐海、下关这些大型茶厂之外的需求。

在那个年代，普洱茶产业面临最大的变革，市场上可说是群雄并起、百花齐放，同时也是普洱茶最动荡的时代。眼见普洱茶界的乱象，老厂长与卢厂长毅然决然放弃国家给他们的"高级顾问"尊荣，亲自站出来做茶，成立海湾茶厂，只为保留普洱茶的正统制作工艺技术。

当年老厂长在寻找盖茶厂的用地时遍寻不着，最后只有离昆明车程 40 分钟的安宁市禄脿镇海湾村，愿意拨出一个已经废弃的纺织厂厂区给他，他的茶厂就这样落脚在海湾村。因此，老厂长就决定用"海湾"这个地名作为茶厂的名字，希望所有员工都能记住，这个茶厂是源自海湾村。

老厂长做茶一向坚持高标准，海湾茶厂当然也不例外。除了建立新标准外，海湾茶厂也不断挑战新的市场，甚至出口日本，不仅实现 300 多项食安农残的零检出，也取得出口检验和外销核准证件，甚至获得欧洲 HACCP 的认证，制茶品质自然与一般小作坊大不相同。

"红印""绿印"，谁比较高档？

1950 年以后，以国营勐海茶厂为主所生产的印字级普洱茶[1]，如"红印""绿印""黄印"，在拼配上都没有明确的定义，国营勐海茶厂早期茶的制作饼型、原料使用的级别、产区来源出处也都不明确，导致众说纷纭，却又无迹可寻。市场俗称"'红印'是当代普洱贡茶"，但与号字级[2]的历史背景相比，实嫌史料不足。

至于"红印""绿印"的差别，台北的老道行早就说过了，辨识不难，但"红印"受到追捧，除了确实好，多少都还有心理作用加分。"红印"品饮的时候，滋味醇厚，但许多好的"绿印"也不输它们。最终还是看保存情况、存世的数量、品相、消费者的心理与偏好，来决定价格。

普洱茶的历史上，号字级的古董茶是从前清一直到民国。20世纪40年代以后，中茶公司在云南建立了几个茶厂，开启普洱茶的国营体系时代，老厂长和卢厂长分别在1957年和1959年加入国营勐海茶厂，见证了国营勐海茶厂的一页辛酸史。而邓老师所著的《普洱茶》一书里提到的"红印""绿印"，绝大多数的茶友听过却没喝过，心中更留下很多的谜团。

"红印""绿印"究竟有什么差别呢？卢厂长不以为然地说："有什么差别？早年的茶就是统购统销；中茶公司订一批，我们就做一批，订了价格与成本，要不同的口味就做不同的口

---

1 这里指的是从1940年起生产的"八中茶"。由于商标中的"茶"字是手工加盖，因印色之别而有"红印""黄印""绿印"之称，俗称"印级茶"。
2 号级茶，又称古董茶，是指自清末至1940年，以易武为首的私人茶庄所生产贩卖的普洱茶，如"百年宋聘号""同兴贡饼""同庆号""同昌老号""宋聘敬号"等。

大红印（场地、茶饼提供：酽藏，王林生 摄）

乙级绿印（场地、茶饼提供：酽藏，王林生 摄）

小黄印（场地、茶饼提供：酽藏，王林生 摄）

味。只是当时没有订毛料¹的级别。至于'红印''绿印'的包装纸，中茶来什么纸，我们就用什么纸。在那个年代，中茶没有特别要求，就没有明确的区别。"

从包装纸看端倪

为什么"红印""绿印"，甚至20世纪70、80年代七子饼茶的包装纸印刷字体有这么多的版型？老厂长和卢厂长异口同声地说："那个年代，我们国营勐海茶厂只管生产，至于销售是中茶公司云南省公司的责任。'7542'的包装纸是由云南省公司送过来的，有什么纸，我们就用什么纸包啊！"

老厂长也说："有时候一批茶饼有不同的包装纸，是因为中茶公司发下的包装纸有两三种不同来源，印刷的颜色、油墨和版型不一样。有的是红色的云南七子饼或是绿色的八中茶字，全因为来源不同而有差别。"

谁能想到拼配有标准的级别，但包装纸却没有！至于是否能从包装纸辨别"7542"的真假，那就要依赖经验与证据了。证据就是，当时十二筒茶用一个竹篓子装，称为"一支茶"，每支茶都会有一张"支票"，上面清楚载明生产的年份及产品说明。

市面上看到很多老茶，辨识的方式包括上面印的是所谓的"大口中""小口中""短尾七字""长尾七"，或者"八中绿

---

1 即普洱茶鲜叶经过摊晾、杀青、晒青后的干毛茶，用于生茶和熟茶加工的散装原料茶。

我与好友薛明玲（右二）、梁永煌（左二）到易武参访时，茶厂人员解说当时十二筒茶用一个竹篓子装，称为一支茶。（刘建林 摄）

色"；"茶"字的印刷体是在正中间还是分开印等等。因为包装不够完整，产生很多争议。这也导致许多人看到老茶时，由于资料不够全面，只能用有限的参考图文对照。而老厂长的说明，让过去许多的谬误得以更正，这也是我们这么多年来一直推行"老茶重来历、新茶重履历"的主要原因。

第一批"7542"，是我的配方！

2018 年的香港仕宏拍卖会场上，"7542""8582"这些 20世纪 70、80 年代的茶屡创拍卖天价，微信圈大家都在传一句话："向一代宗师邹炳良致敬！"

提起过往，老厂长激动地说："'7542'第一个拼配的，是我的配方。"

薄纸"7542"（场地、茶饼提供：酽藏，王林生 摄）

2000 年以后，古树纯料作为当代普洱的主流渐起。老厂长正本清源地说："普洱茶用的都是乔木类，所谓的'台地茶'[1]，其实是高产灌木化的乔木品种。在那个年代，国营勐海茶厂主要是做红茶，来的原料主要就是生产红茶。"卢厂长更是国营勐海茶厂红茶价格成本差价评级标准的制定者，她说得更清楚：当年是高产茶园[2]，在 20 世纪 50 年代以后试种，70 年代推动，80 年代之后大量推广。

老厂长很清楚地解释说，云南地区白、傣、佤、布朗等少数民族人家附近山上种的大树茶，几乎都用来做普洱茶。按早年的

---

1 即那些运用现代茶叶种植技术，新种植且密植高产的现代茶园所产出的茶叶。它们通常树龄较短，品种较新。由于茶园多为台阶式，故茶农称之为"台地茶"。
2 自 1950 年以后，进入计划经济时代，所有茶厂皆定有产量指标。由人工种植、管理，以大面积和高产量为目标的经济茶园，即称"高产茶园"。

收料标准，普洱茶的粗枝大叶反而级别低。由于国营勐海茶厂生产的传统普洱茶比例不高，高产茶园的原料多半用来生产红茶、绿茶。当年传统普洱茶的原料全都是大树茶、古树茶。所以 20世纪 70、80 年代的普洱茶并不是台地茶。

老厂长在茶厂车间指导做茶。

从 1957 年进入国营勐海茶厂，老厂长一路从一个商检班的学生做起，在普洱茶的生产检验、品质标准把关，甚至配合当时高产茶园建立经济收益方面，处处都是身先士卒。在国营勐海茶厂的前期，老厂长立下汗马功劳，却从不居功。他的谦虚与低调，建立了茶人的风范。

老厂长经常穿梭在车间里，从毛料挑选到制作的每一个细节都是亲力亲为。

老厂长仔细检视刚摘下来的茶叶。（海湾茶厂提供）

拼配是茶叶精制加工厂毛茶验收定级、

精制加工、半成品拼配三大环节之一。

产品品质的优劣，

原料的使用价值发挥得如何，

全通过拼配体现。

建立拼配体
系，写下国
营勐海茶厂
后传

第 三 章

建立拼配体系，做好商品茶

在普洱茶的世界里，"生普（即生茶）"是单一产区的一口纯料好，还是用不同产区、不同普洱茶树种"拼配"的比较好？

有别于熟普（即熟茶），生普的"拼配"和红酒的"混搭"（Meritage）有着相似的繁复工序。老厂长为七子饼建立了拼配的体系，但他说四码编号是由中茶公司云南省公司统一订定的。前两位数字代表年份，第三位数字代表主原料级别，第四位数字则是茶厂代号。因此"7542"这个编号的意思，就是"1975年，用四级主原料，由国营勐海茶厂（代号"2"）出品的茶"。

20世纪70年代中后期开始生产的常规产品如："7542""7532""8582"等，这些生普与国营勐海茶厂出产的熟茶系列七子饼茶，在普洱茶史上都可明确归入"拼配"的系统。

与国营勐海茶厂并列为两大普洱茶厂的下关茶厂，在1985年向国营勐海茶厂学习七子饼茶的制茶技术后，也为正式生产的下关七子"铁饼[1]"冠上了"8863"的茶编号（"3"是下关茶厂的编号），同样也属于生普"拼配"系统。

1　20世纪50—70年代使用特殊方法压制的七子饼茶，其饼型扁平，压得非常紧实，后有乳钉，以其硬如铁、状如饼而称"铁饼"。茶叶压制成铁饼后，茶与茶之间的空间就会变得很紧密，茶饼后发酵的速度较缓慢。

"7542"是标准化配方的分水岭

20 世纪 70 年代是一个新时代的开端，既有承先启后的味道，又有开放进步的氛围，对普洱茶来讲是一个重要的分水岭，也是一个重要的时代。它代表了一种旧式生产观念的结束，也开启了新的生产时代。当时计划经济所推行的大量生产之需要，直接影响了后世对普洱茶的概念，也间接改变了云南种植普洱茶的方式，所以 70 年代是一个新价值的起点。

从拼配方式，我们可以了解"7542"配方所代表的意涵。应用茶青级数作为拼配的依据，它就具有多个山头风土的特点，与私人商号的风格就此划分。这与 1950—1970 年间中茶牌圆茶的时代，普洱茶在包装上没有任何产地标示的状况比较起来，已有很大的突破与改进。

"7542"的产生，带有一定的量化生产管理意义，在标准化配方的指导下，生产的产品将达到标准且品质稳定。

也就是说，标准化配方的产生就是量产前的准备，标准化配方可以解决生产上的问题，无论在拼配还是原料的选用上，都具有一定的制式化标准，方便生产单位依循并控制品质，在销售上也能突破困难，让销售单位有标准的产品作为销售的基础，也就是标准货的产生。

不同代号的标准货，代表不同的茶青拼配内容。唯一跟现在不同的是，1985 年之前所有的茶青分类是有包含节气因素的，也就是说 20 世纪 70 年代的七子饼有春茶概念。1985 年之后，省公司取消节气因素，自此收购茶青的分级更简化，从中也可见当时生产数量之庞大。故1985年之后的云南七子饼标准货是没有春茶概念的。

拼配为什么是王道？

普洱茶的拼配和波尔多红酒的拼配其实是大同小异的。法国波尔多的红酒拼配所形成的丰富韵味，受到全球热爱。但这个拼配的比例，因为每年气候生态的变化，会有一些微调，拼配的葡萄品种、比例会有些许不同，形成了不同年份会有不同风味的差别，红酒的显优隐次，在普洱茶是一样的道理。

从侨销圆茶[1]进入七子饼茶的时代，国营勐海茶厂生产的商品茶，负有扩大内外销市场的重要任务。20世纪70年代发展出来的拼配规范，是普洱茶制作工艺标准化的密码。

拼配为什么是普洱茶的灵魂？老厂长表示，拼配是茶叶精制加工厂毛茶验收定级、精制加工、半成品拼配三大环节之一。产品品质的优劣，原料的使用价值发挥得如何，全通过拼配体现。通过拼配，茶叶的色、香、味、形才符合标准，符合贸易样、成交样；通过拼配才能做到产品品质的稳定性、一致性，才能以品质创品牌、增效益。

---

[1] 20世纪50年代，国营勐海茶厂生产的甲级中茶牌圆茶，销往海外华侨地区，简称侨销圆茶。

拼配的十二字诀

普洱茶的拼配技术要领可归纳成十二个字，即"扬长避短，显优隐次，高低平衡"。这是老厂长做茶的经验，心血总结。

所谓"扬长避短"，主要是指发挥云南大叶种粗壮肥实、苗锋完整的产品风格，使原料经济价值最大限度地发挥。由于原料的特点和所采用的工艺不同，各有长处和短处。原料来自多个茶区的春、夏、秋茶，且各茶区之间、同一茶区范围内不同时间地点的茶，它的香气、滋味和外形的塑造都有各自的优缺点、长处和短处，拼配前要把各茶区的在制品分开，春、夏、秋茶分开，以长盖短，突出自己产品的风格。

所谓"显优隐次"，主要是指半成品品质的"优""次"调剂。半成品都是单机筛号茶，由于原料的地区之别、级差之别、季节之别、山区和坝区之别，发酵程度轻重、好次之别，各筛号茶又有大小、长短、粗细、轻重之别。如用某一茶区原料生产的七级三号中下段茶，条索[1]松扁，多梗含片，拼配时可选用另一茶区条索紧实或该地区上一级号茶做面张，拼入下一级的中下段茶，这样外形的缺陷就被"隐去"，内质的优势就显现出来。

所谓"高低平衡"就是以标准样或贸易样、成交样为依据，把品质高的调低、低的调高，使之平衡。同级各筛号茶，由于茶区不同、季节不同、山区坝区不同、加工来路不同（本身路、圆

---

1 指各类干茶具有的一定外形规格。条索粗细、嫩度、整碎、紧实度，都会影响茶叶的品质。

身路、轻身路¹）、拣剔净度不同，品质参差不一，需要平衡。香气、滋味、汤色、叶底，一批与一批的情况不一样，有的会造成滋味上的千差万别，更需要平衡。高低平衡贯穿整个拼配的始终，各级半成品品质高与低，以及成品茶八项因子²的高与低达到了平衡，就保证了产品品质的相对稳定。

拼配的密码：五个调剂

一、条索与外形的调剂

条索是外形四项因子中一项最主要的因子："形状"，拼配时要首先确保条索符合标准，特别是面张茶³的条索要符合或稍高于标准，只要面张茶的条索用得好，中、下段茶的条索稍次也无碍大局。如拼配某一级别主茶的面张条索松泡或较松，就应不拼或少拼，可选用高一级的面张茶降低使用，然后拼入稍次的中、下段茶，抓住了面张茶的主要因子，就抓住了外形的整体。

---

1 此即所谓的"分路取料"，即根据在制品的形态和品质，如长短、粗细、轻重、净度等，采取不同的工艺流程和相应的操作技术，分别进行取料和加工的技术。其中本身路，是以毛茶分筛后的再制品茶，品质特点是条索较紧细、有锋芒，叶底较嫩。圆身路则是以两次或两次以上切分或切抖的毛茶头，品质特点是条索较短顿、粗圆，叶底嫩度差。而轻身路的品质特点是毛片粗老、身骨轻，带有较嫩断碎的茶叶。

2 即茶的审评基础，包括外形四项与内质四项，外形评的是形状、色泽、匀度与净度，内质评的是香气、滋味、汤色与叶底。

3 又称"上段茶"，是指压紧茶砖表面的盖面用茶。

大厂从鲜叶采摘到选料拼配、初制加工到精制加工，都有严谨的规范，并留下拼配的样茶，以达到标准化。（韩韬堂 摄）

二、半成品原料的季别调剂

普洱茶原料来自春、夏、秋茶。春茶由于茶树生长旺盛，芽叶肥壮，内含有效物质丰富，果胶质含量多，加工出的半成品，条索紧实，身骨重，滋味浓醇，叶底较嫩；夏、秋茶由于气温较高，茶叶生长快，对夹叶多，易老化，果胶质含量少，加工出的半成品，条索较松，身骨较轻，多梗含片，滋味稍淡，外形内质都不如春茶好。不同季节生产出来的茶叶品质不同，春、夏、秋茶必须分别发酵，分别堆放，按照产品特点，合理调剂拼配比例，使成品品质均衡一致。

三、半成品原料的产区调剂

云南省内各产茶区的大叶种晒青毛茶都可以生产云南普洱茶。各产区的气候、土壤、降雨量有所不同，生产出的茶叶也有所不同，它们有共性和区域的个性，各有所长，各有所短，各有优点和缺点，用多个地区的茶叶生产普洱茶，只要做到长、短调剂，优、次调剂，取长补短，综合平衡，就能在调剂中突出云南普洱茶的特点。

四、半成品原料的海拔高低调剂

各产茶区的晒青毛茶都有高山茶、低山茶和平地茶（高海拔、中海拔、低海拔），高山茶由于云雾缭绕，有利于茶叶蛋白质、氨基酸和芳香物质的合成，茶叶内含物质丰富，滋味浓，发酵后加工出的半成品，条索肥壮，经久耐泡；低山和平地茶由于

级别	产地	茶号	件数	数量	编号	堆码
	勐海帕沙青	小沱	202	6060	7030	75区
	勐海勐混	拼2沱	1085	3255	8022	54区
	勐海勐宋	小沱	105	3150	8013-9	32区
	勐海勐混青	2沱料2沱	81.5	20375	8011	54区
	勐海帕沙青	小沱料2沱	96.5	2417.5	8011	52区
	勐海帕沙	3沱	62	1860	7018-1	A区
	勐海帕沙3	拼2沱4	63.5	1905	8018	75区
	勐海勐宋	小沱料2沱	625	10625	7031	54区
	勐海勐宋	3沱料2沱	265	6625	7028-1	54区
	勐海布朗峰	小沱料430	18	450	7031-1	54区
	勐海巴达	2沱料3沱	133	3375	8011-1	69区
	勐海勐宋	拼3沱	15	650	8022	茶仓留样81

茶厂的拼配单。

条件不及高山茶优越，发酵后加工出的半成品稍次于高山茶，因此低山茶、平地茶与高山茶拼配调剂，才能做到取长补短综合平衡，达到产品水平的一致性。

— 056

五、发酵程度调剂

发酵程度的调剂，是普洱散茶成品拼配中的关键。发酵是形成普洱茶色、香、味、形的过程，由于掌握发酵技术的水平不同，发酵出来的品质就不同，往往造成色、香、味差异较大，在拼配时要注意普洱茶是"陈"茶的规律，色、香、味、形都要突出这个"陈"字。因此，拼配前要进行单号茶开汤审评，摸清发酵程度的轻、重、好、次和半成品储存时间的长短，以及储存过程中色、香、味变化情况，然后进行轻重调剂、好次调剂、新旧调剂，使之保持和发扬云南普洱茶的特点。

总之，拼配贯穿于整个普洱茶加工过程的始终，是原料复

老厂长在渥堆发酵车间察看毛料发酵状况。（海湾茶厂提供）

制、加工的归宿，它对普洱茶生产具有指导和促进的作用，因此，拼配人员应与加工紧密配合，要熟知生产工艺，掌握拼配要领，去改进茶叶品质，使产品既符合标准又发挥原料经济价值，并且要根据自己产品的特点和个性，扬其之长，避其之短，使产品别具一格。

分辨"7542""8582"的几个细节

我在台北看过几个老道行如何分辨"7542""8582"的真假与年份，他们的说法几乎一样：全在细节上。例如饼型。国营勐海茶厂的厚薄有一定的规则，直径大小在19.5—20.5厘米，如果饼型太扁、直径太大或饼型圆而直径较小，就露出马脚了。又如包装纸背后的折纸方式，国营勐海茶厂各个时期的产品都是茶工们"一把拧"的工艺，会有微小的差异，而非有如星芒状的折纸。

由于长久存放，茶饼上头有虫蛀是免不了的，虫洞是自然或人为做出来的，也是分辨的参考。

我曾拿几饼"7542"去请老厂长鉴别，还想请他签名，但被拒绝了。对于国营勐海茶厂时期的茶，任何人送去他都不愿鉴别。邹小兰说："买家已经花了钱，茶就是喝的，我爸爸认为市场已经很乱，如果他签了名被拿去乱用，怕会再添乱。"

老厂长告诉我，不管是"7542"还是"8582"，都不是刻板的味道。当年在做拼配的时候，是将级别的标准加以定义，但是因为每一年产区的生态风土都会有变化，每一年要找出一个"标

老厂长至今仍严格要求饼型大小与厚薄必须符合规则。

国营勐海茶厂各个时期的产品包装纸背后的折纸方式，都是茶工们"一把拧"的工艺。

茶饼上头有虫蛀是免不了的。（场地提供：新芳春茶行，王林生 摄）

跟着老厂长喝茶去

准"的味道，就必须在每一年不同产区的生态风土改变的情况下做微调，才能拼配出好的味道。而且当时没有名山大寨，不会拿知名产区来做比较。当初只对原料的级别做区分，对产区是一律平等看待的，没有高价位产区和平价产区之分，因此级别做出了标准，但味道不是刻板的，这是一种动态的调整。

用相同的级别，拼配出你要的味道

老厂长做茶，是讲究拼配的，但他不是把原料拼配当成一个制式的配方，而是以级别做定义。他可以依客户或茶友的喜好，在同样的级别原料上，做出个别的味道，即级别相同，选料不同，口味各异。这是一个不为外人所知的秘密。难怪 20 世纪 70 年代的"7542"每一批的味道会不一样。即便是 80 年代的"8582"也是如此。因为老厂长在制作这些"7542""8582"的时候，完全是为需要的人量身定做，但同时也采取拼配级别规范的标准，所以外面市场误以为"7542"或"8582"只有一种味道，其实是一种误解。

老厂长表示："当年选料是有差别的，因人而异，他们要的口味各自不同。我会和订茶的人不断试饮，不断调整，一直调整到他喜欢的口味。"所以坊间同样编号的茶有不同的口感，是因买方有不同的需求，使用不同产区的原料造成的。但原料的级别是相同的，拼配的代号也是相同的。老厂长说："这哪是秘密啊！只是一直以来大家都不问罢了。"

第一批"8582"的缘起

那么第一批"8582"是怎么做出来的？

老厂长说，当年还在统购统销时，香港要进口云南的茶，完全由中茶公司云南省公司的国营体系做配销。国营勐海茶厂只负责生产，无法碰触销售这一块。1985年统购统销政策改变后，各茶厂可以自主销售，香港的销售系统也对外开放，这时香港南天公司因其家族和云南有很深的渊源，便开始向国营勐海茶厂订制普洱茶到香港。

1984年老厂长出任国营勐海茶厂厂长之后，对于国营勐海茶厂外销香港的"7542"七子饼茶十分重视。香港南天公司是重要的客户，而老厂长特别提到南天公司总经理周琮当年的一段往事，竟促成了"8582"七子饼茶的诞生。

1985年，周琮到国营勐海茶厂，与老厂长探讨普洱茶的制作工艺，并带来香港茶友对"7542"的意见与反映，他们总认为少了些什么。老厂长陪同周琮参观当时生产线的加工情形，在生产车间交流讨论茶饼的饼型和条索与滋味，希望能再拼配出一款较为浓强霸气的茶饼。周琮建议老厂长在拼配中增加较粗壮的毛料，而且让茶饼较原有的"7542"更为疏松，透气性更强，以利加速自然陈化发酵。老厂长与周琮做了许多口感与饼型上的讨论与修正，总算找出能够符合香港重口味茶友需求的一款配方。

老厂长（右）和香港南天贸易公司总经理周琮（左）
在探讨普洱茶制作工艺。（海湾茶厂提供）

1988年，老厂长（右）与香港南天贸易公司总经理周琮（中）
在探讨产品。（海湾茶厂提供）

"8582"隐藏了号字级普洱茶的密码

对于第一批"8582"，邓老师也提出了他的见解："2018年10月刊出的《普洱》杂志就提到周琮向老厂长提出：'我需要的饼茶要像过去的号字级那样，有云南味（晒青毛茶的太阳味），既要有苦涩味，但不能过，喝了以后人体会发汗。'后来在调配了临沧茶区的茶之后，滋味醇厚，茶气劲道方面都直逼号级茶。所以我认为'8582'隐藏了号级茶的密码。"

当年周琮对于老厂长提供的样茶做了反复的交流，他提出与"7542"配方不一样的拼配，主要是希望像过去的号级茶那样，有浓厚的口感，而且经过长时间储存的转化，滋味变得醇厚。

"8582"大叶青（场地、茶饼提供：酽藏、王林生 摄）

其中最大的原因，是 20 世纪 70 年代以后，茶厂是按照级别规范，二级是细嫩的毛尖，四级是一芽一叶或两叶，"7532" "7542" 是级别较高的茶。号字级的粗枝大叶反而像是八级或九级的毛料。所以是要改变原料级别吗？邓老师说："是的，以号级茶为配方的时候，'8582' 就以八级的毛料为主料，由于用了八级的原料，这样的粗枝大叶，使得后期的转换，更具深厚和长远的实力。"

在另一方面，当时香港经营普洱茶的行销体系，也面临着计划经济的解体，南天公司以一款不同的配方产品，与原有的行销体系做出差异，也成了时代背景的一个需求。云南中茶公司根据老厂长的配方，确定了茶饼 "8582" 编号。这几十年来，经过市场的认同，"8582" 的老茶已与 "7542" 齐名，甚至更受欢迎。

"88 青"是部队订的茶

卢厂长在国营勐海茶厂推销普洱茶和部队是有关联的，"88 青"[1] 就是个例子。2019 年 11 月，海湾茶厂厂庆的时候，我和老厂长、卢厂长两位老人家聊到了 "88 青"。当年究竟是谁要订做的呢？有什么特色？为什么现在叱咤风云？

我这一问，两个老人家竟然斗起嘴来了。老厂长先说："'88 青' 就是当年的 '7542'，没有什么 '88 青'。印象里

---

1 1988 年按照 "7542" 配方生产的青饼（生普）。

那批茶是广东人订的,广东人爱喝生饼,喜欢浓烈。"卢厂长抢着说:"你记错啦!哪里是广东人,那批东西是部队订的,后来因为部队没有要,才给广东人拿去了。"

不管当初这个"7542"是广东人还是部队要订的,都是滋味浓烈,经过时间醇化、转换之后的韵味大放异彩,因而博得老茶腔的喜爱。

2011 年,我请老厂长定做的"海湾壹号",正是跟"88 青"同一路的精品茶。

"海湾壹号"就是与"88 青"滋味接近的精品茶。(王林生 摄)

神秘又古老的茶

继承国营勐
海茶厂正统
血脉的海湾
茶厂

500年来，
普洱茶一路上的演变迁徙串起
了天、地、人，
也串出国营勐海茶厂到海湾茶
厂的两代史诗。

I

第 四 章

20 世纪末，老厂长和卢厂长创办了海湾茶厂，也可概分成两个时期：第一个时期是接续国营勐海茶厂的拼配，成为普洱茶印字级、七子饼茶的正统血脉继承者。第二个时期是继往开来，建立号字级的商帮文化。

两位人间国宝：老厂长与卢厂长

提到普洱茶的传承，老厂长和卢厂长绝对是此中数一数二的人间国宝。

国营勐海茶厂在普洱茶的历史上独领风骚，但国营茶厂体系瓦解后，由老厂长与卢厂长两位领导的海湾茶厂，不与改制后的

老厂长与卢厂长是普洱茶传承的国宝级人物。（海湾茶厂提供）

国营勐海茶厂一争高下，只默默地致力于制茶工艺的薪火相传。

烟不离手，茶不离口，怎么看活脱就是一个老顽童，和你打招呼，脸上总是带着童心未泯的笑容。这就是卢厂长，是老厂长从进入国营勐海茶厂以来，始终如一的好伙伴。她是一位女士，但大家都用"先生"敬称她。在普洱茶这一行，没有人不知道卢厂长。

普洱茶的第一家族，当推海湾茶厂。它是老厂长和卢厂长两位好伙伴（老同志）共同创办的。他们二人一个个性耿介，一个随性乐观，就这样建立了独一无二的普洱茶家族式文化。

海湾茶厂是在1999年创厂的，当时包装纸设计的是一个红太阳。之后红太阳又改成向日葵，并和"老同志"一起登记注册。普洱茶的品牌市场里，"老同志"始终位列前十名，但提到海湾茶厂，却鲜有人知。

说起"老同志"的由来，也有段小故事。

1997年，海湾茶厂还没成立前，老厂长在担任宜良茶厂顾问时，为台湾茶友定制了一批销台的茶，台湾茶友尊称老厂长为"老同志"，这批茶后来也被叫做"老同志"。

数年下来，越来越多人通过"老同志"找到海湾茶厂，老厂长和卢厂长意识到"老同志"在国内外的口碑和影响力，便于2002年请了设计师设计图案，使品牌标志更完整，当中包括麦穗、镰刀、斧头、向日葵，分别代表丰收、勤奋、积极向上、齐心协力之意，但最后他们选择只保留三朵向日葵作为商标。

2002 年生产的"老同志"茶砖上，可看见红太阳的包装设计。（海湾茶厂提供）

后来"老同志"饼茶的包装纸图样就改成向日葵了。（海湾茶厂提供）

卢厂长的地位与老厂长同等重要

卢厂长 50 年的管理经验和学习所得，如今都用在海湾茶厂的发展上。她和老厂长性格虽不同，却是最佳的互补。老厂长专攻技术，卢厂长则主管企业战略和管理。年轻的海湾茶厂在两位老人家的率领下经营得有声有色，不逊于任何一家同业。而卢厂长高瞻远瞩的市场营销、战略指导，让海湾茶厂声誉日隆，朝集加工、研制、贸易和服务于一体的国际集团化企业迈进。

卢厂长祖籍云南昭通，1933 年生于云南个旧[1]，她出身名门望族，是当时云南省主席卢汉的侄女，父亲卢俊卿则为云南劝业银行行长、云锡公司董事长，是卢汉的弟弟。卢厂长十几岁时就离开家乡从军。她自称工、农、商、学、兵、政都做过，但她的人生，最重要的还是普洱茶。她并未念过商科学校、商学院，但通过自学，却成为国营勐海茶厂的总会计师，创立定额成本的管理模式。不仅如此，她还身兼业务代表，自己找客户卖茶。在"大益"这个品牌还默默无闻、市场没人要买的时候，她便用"购买'八中'时必须搭配'大益'才能成交"的销售模式，来打开"大益"的市场。

普洱茶是一项传统工艺，它的经营方式可以是小作坊，也可以是一个家族企业，甚至规模化生产的茶企，但是像老厂长、卢厂长这样以"老同志"作为国营勐海茶厂一脉相传的承袭者，可说是绝无仅有。

---

1 位于云南省红河哈尼族彝族自治州的一座城市，以产锡著名，有"锡都"之称。

普洱茶界无人不知、无人不晓的卢厂长。（海湾茶厂提供）

海湾第二代分工明确，承袭老厂长对品质的要求

　　海湾家族在普洱茶的传承上，第二代的邹晓华、邹小兰、王海强各自分工，扮演着不同的角色。王海强和邹小兰夫妇早年跟着老厂长，都在国营勐海茶厂工作过。1999 年海湾茶厂创厂后，他们的分工就更明确了。

　　老厂长的儿子邹晓华，人称"毛料华哥"。普洱茶选择毛料的精准，决定品质的前端。毛料从帕沙下山，回到勐海，再到八公里的海湾茶厂。"八公里"是一个地名，因为这里离勐海八公里远，而这区有许多知名的大茶企。我将从帕沙取得的毛料送到邹晓华手上。他那圆眼一瞪，加上短短的胡髭，仿佛一夫当关的

老厂长的儿子邹晓华（右）人称"毛料华哥"，对毛料品质的把关十分严谨。他正在与普洱茶友薛明玲（左）解说如何审定毛料。（刘建林 摄）

严谨的毛料分级定义了每一片茶的标准。

大将军。毛料能否过关，全凭他多年的经验，而毛料的把关，决定最后茶饼的成败。

毛料华哥的原木审评大桌上排满方形竹盒，里头放置不同产区、不同寨子，或大树或古树的毛料，真的是琳琅满目。视线往下移，会发现地上还有一袋又一袋的散装毛料，里头写着产区、采摘日期和茶农的名字。

他处处小心谨慎，因为这关如果出状况，老厂长是绝对不会放过他的。

我向毛料华哥请教了一些天气的问题。气候每年不尽相同，对普洱茶品质的影响有多大？我去的那几年，有一年特别少雨，有一年特别潮湿。毛料华哥表示，雨要来对时候，春芽才发得好。如果干旱的时间太久，春茶就发芽慢。春芽发了，但雨水不足，茶叶的品质也不会好。春茶出芽后若雨水充足，能让芽头肥壮、叶形饱满，加上采摘前天干少雨，品质会更好。

老厂长的女婿王海强负责的则是普洱茶厂的制作工艺、生产车间的制程与管理，以及工厂安全与食品安全的认证与实际操作，是海湾茶厂的车间王。他让一个家族小厂变成强大的民营企业，尤其拼配的功力，几乎已得到老厂长的真传。春茶采摘的时候，王海强、邹小兰都会带着经销商、茶友结伴到古茶山寻访，我那些年也凑着去了几回。

普洱茶生产车间的管理亦十分重要。（刘建林 摄）

从勐海到海湾，苏湖大寨串出史诗

1961年国营勐海茶厂在苏湖大寨[1]建立的初制所，连同茶园基地，后来都由海湾茶厂取得，如今完整保存着老厂长家族的历史轨迹。

平易近人的老厂长，平常不太跟外界接触，多年以来，最常做的事就是到审评间，不断地评茶、拼配，日复一日。而且每一款茶，都留下五个年度的茶样在审评间以供对比。

另外一面的他，则是个重情重义、感情不外露的人。老厂长是汉族，但他的太太来自勐海县格朗和哈尼族乡苏湖村委会丫口老寨，是当地少数民族僾尼[2]祭司的女儿，他却从不对外张扬。

1961年，老厂长还在国营勐海茶厂时，曾在苏湖大寨设置一个收购原料的初制所，留下一栋白色的砖瓦房。2011年我去帕沙老寨，途经苏湖大寨，看到一片漂亮的老茶园，也看到这栋白色的房子。我问初制所的管理员梅二（僾尼名），他说老厂长在创立海湾茶厂后，就把这块茶园和这个初制所买下，现在是海湾茶厂非常重要的生产基地。这里的原生态茶园，获得日本买家的肯定，他们10年来一直指定以这块茶园产出的原料出口日本。初制所的管理员梅二，也是僾尼人，是老厂长的女儿邹小兰的表哥。

听到这样的故事，我心想，我们想做的"海湾壹号"，不就

---

1 苏湖并非湖泊，而是云南省西双版纳勐海县内的一座茶山。苏湖大寨指的是当地少数民族的村寨。
2 为西南少数民族哈尼族的一个分支，主要分布在云南的西双版纳和普洱等地。

老厂长在审评间评茶，这是他多年来日复一日的工作。

这栋白色的老房子1961年就在苏湖,是当年国营勐海茶厂在苏湖的初制所,20世纪70、80年代国营勐海茶厂的普洱茶许多都是用这里的原料。

可以用这里的原料吗?因为这里有老厂长太太的家族历史,也有他们在这里留下的所有生命轨迹。

　　1961年的那座白色砖瓦初制所见证了国营勐海茶厂的时代。那片生态极好的茶园,有着老厂长在国营勐海茶厂时期的汗与泪,也隐藏了许多家族故事,老厂长把它保存下来,可见他对国营勐海茶厂是相当有感情的。

　　1956年到1976年之间,国营勐海茶厂陆续在苏湖大寨种植大片生态良好的普洱茶树。普洱茶文化研究名家詹英佩在其所著的《普洱茶原产地西双版纳》一书中,有一段便提到:"苏湖与国营勐海茶厂有很深的'交情'。早在1956年,国营勐海茶厂

这是 20 世纪 50 年代即存在的苏湖老茶园。

苏湖大寨初制所管理员梅二向我们介绍茶园里的老茶树。

便开始在苏湖收购原料，上个世纪 70 年代末在国营勐海茶厂的指导下，苏湖建起了机械化茶叶加工厂，其规模与南糯山分量相当，加工好的茶叶全部送往国营勐海茶厂。今天市场上那些被炒得价如黄金的'中茶牌''大益牌'老普洱茶，其中不少原料便来自苏湖。"

拥有这些早期茶的茶友们，很多并不知道茶品原料是出自苏湖大寨。而我们后来所定制的"海湾壹号"，便出自苏湖大寨和帕沙老寨的古树茶青。这不只是为了找回 70 年代的香气和韵味，更是延续了普洱茶珍贵的历史文化。

寨有多久，树有多老

从苏湖大寨到帕沙老寨，再到老班章村，一路上都可遇到老厂长的家族成员，包括苏湖大寨的梅二，帕沙老寨的次二（僾尼名）。老厂长太太的家人和少数民族的迁移，除了为普洱茶的传承留下足迹，也让帕沙老寨的普洱茶树繁衍到班章村。500年来，普洱茶一路上的演变迁徙串起了天、地、人，也串出国营勐海茶厂到海湾茶厂的两代史诗。对于苏湖大寨和帕沙老寨，老厂长有自己特殊的家族和历史情感。我曾问老厂长最喜欢哪个产区，老厂长便不假思索地回答："帕沙。"

邹小兰告诉我，帕沙中寨住着她母亲家族的亲戚，还有一个海湾的初制所，和一座古树茶园基地。或许这些都是老厂长最喜欢帕沙的原因。

帕沙，是我去的第一个茶山古寨。从勐海出发，约一个多钟头就可到帕沙老寨。接待我的次二，带我一起从海湾初制所的后山爬到山顶。我生平第一次看到那么高大的茶树。次二不知树有多久了，但寨子已存在500年。是先有寨子还是先有茶树呢？依树形和茶花、茶籽来看，属于栽培型古树吧！所以应该是先有寨子，后有茶树。

次二告诉我，一棵古树每年也不过采摘十多公斤的鲜叶制作春茶，能制成两公斤半的毛料。这就是大家所说的单株。但老厂长不会用单株来做茶饼，他是拼配大师，单株不能当指标，不能以一当百地代表制茶师或小产区的风味。

老厂长在帕沙老寨的管理可是大有学问，这棵古树的春茶每年只采一次，显示他对茶园基地风土与生态的尊重。（柳履德提供）

海湾茶厂的帕沙初制所。

这是帕沙老寨的栽培型古茶树，2005—2007年茶价疯狂上涨时，古茶树经历了过度采摘的浩劫，后来才慢慢恢复健康。

不同树龄的树，采摘鲜
叶的时间也不同。（海
湾茶厂提供）

"老厂长对于你们采摘鲜叶、杀青锅温和时间，一直到晒青成为毛料，有没有给一些建议或者要求的标准呢？"

对于我提出的问题，次二回答说："每一批、每一锅，可能要求都不一样。譬如鲜叶的采摘，通常古树发芽的时间比较晚，而大树、中树发芽的时间比较早。采摘完中树、大树，才会轮到古树。当然不同的产区和天候，会有很大的差别跟影响。比较规律一点的说法是，好的古树纯料，采摘时间大约在清明后到 4 月中旬左右。"

此外，杀青的锅温也是关键。粗老与细嫩不同，炒锅的温度、时间的掌握，全靠经验。杀青后的揉捻、摊晾[1] 就更是重要了。摊晾前，揉捻得轻些重些，细微的差别，都影响发酵。揉轻

---

1 也称"摊青"，即将当天采摘下来的新鲜茶叶放在地上、竹匾或席上摊开，使其在静置的过程中水分自然蒸发，并产生变化的一种工法。

炒锅的温度，时间的掌握，全靠经验。（海湾茶厂提供）

杀青后的揉捻，对后续发酵影响很大。（海湾茶厂提供）

一些，就变成抛条¹。抛条外观很美，但如果揉捻不足，多少影响后续发酵，要产生丰富的变化会较困难些。晒青有别于绿茶的烘青，烘青的毛料是不能用来做普洱茶的，晒青需要大晴天，且日照一定得充足，但过度日晒，味道也会变差。

老厂长认为条索分明又要揉捻适度，茶的品质才会到位。魔鬼全在细节里，细节全在经验中！

商品茶的重要定位

国营勐海茶厂曾经是普洱茶发展命脉延续最重要的茶厂。被誉为推动普洱茶传播两岸第一人的邓老师，把老厂长在20世纪70年代发展出的标准化"7542""7532""8582"茶饼和市场所谓的"88青饼"，统统定义为商品茶。商品茶在这个时期具有正统地位，但并不是所有的商品茶，都是只能拿来喝的茶，其中不乏后期转换韵味特佳者。就像1982年法国五大酒庄生产的酒，每家的产量都在十万瓶以上，随着时间流逝，剩下的越来越少，岁月的陈化让酒的韵味越来越丰富，并获得藏家青睐。无独有偶，当年的商品茶，也都成为值得收藏的茶品了。

事实上，我所认识的茶友手中，就有很多20世纪90年代末、2000年初，甚至到2010年，以80年代"8582"，70年代"7532""7542"为版型包装的复刻版茶。这些都不是后期国营

---

1 普洱茶的条索外形之一。不同的条索外形，影响成品的汤色和风味。"抛条"即"条索松抛"，揉捻轻、细胞破碎少，因此汤色较浅，青草气味重，卖相好。

勐海茶厂的正货，而是外面小茶厂仿正厂版本的茶品。市面上这些复刻版茶所占的比例不在少数，大家往往无从分辨。

请老厂长制作一片"血统纯正"的好茶，是我们这群茶友共同的心愿，于是在制作"海湾壹号"时，我请老厂长以精品茶的制作工艺，做出20世纪70年代商品茶的代表作。我和老厂长直接表明：这片茶是我们的期许，另外一层意义就是希望拨乱反正，以现代精品茶的制作工艺，找回商品茶时代的正统地位。

"海湾壹号"vs."8582"与"7542"

2011年春天，我与邹小兰、王海强夫妇聊到海湾茶厂的商品茶与精品茶，哪些具有代表性。我们试喝了"深山老树"和"9948""7548""9928"，这些都是继承国营勐海茶厂并成为海湾茶厂商品茶的主力茶。至于精品茶，我们讨论希望以20世纪80年代的"8582"和70年代的"7542"为蓝本，制作一款有

"海湾壹号"有"8582"的厚重，也有"7542"的细致。（王林生摄）

代表性的精品茶，名之为"海湾壹号"。

王海强先试做了四种不同风味与特色的样品茶，让我带回台湾，我们一群茶友品尝之后各有意见，最后归纳出的结论是：希望"海湾壹号"是滋味浓强但不失雅韵，口感细致兼余韵绵长，饼型与"7542"相似，口感与陈年实力则如"8582"。简单地说，就是要具有"8582"的厚重特质，但又如"7542"般细致，是延续国营勐海茶厂当年两个指针性产品的正统血脉，而且要具有陈年的实力。

邹小兰笑着说："这情景就像1985年我父亲和香港南天公司周琮讨论制作'8582'一样。我父亲一直为天下人做好茶；为客户量身定做，做他们喜爱的风味的好茶。"她将我们的需求告诉老厂长，来来回回经过四个月的反复试饮，那份钻研，像足了老厂长当年与香港南天公司周琮研制第一批"8582"一般。于是，身上带着"8582"血脉，更暗藏"7542"密码的"海湾壹号"就此诞生。

第一张茶园证与第一饼有电子身份证的普洱茶

"海湾壹号"的制作，是希望老厂长以传统的制作工艺，完成一个精品茶的标杆作品，带领普洱茶脱离后仿商品充斥的混沌，走出当代普洱的一条康庄大道。找回平价、好喝又适合长期存放的当代精品，将普洱茶的发展导回正路。

以"海湾壹号"命名是有多重意义的。当年云南省台办蒋贵生为我们推荐老厂长，配合我们在普洱茶智能化管理、云端数据化方面的方案，我们与老厂长谈到假茶乱象，要从溯源管理和履历认证做起，老厂长欣然同意，愿当"有电子身份证"的普洱茶的开路先锋。

2011年，我和老厂长商量，希望用"海湾壹号"的名称，做一片可以传承他家族文化历史的茶饼。老厂长建议用70%树龄在300—500年间的帕沙老寨古树，和30%在1956—1976年间栽种的苏湖大寨茶树为原料做拼配。

并且，老厂长坚持要在他的审评间里亲自解说他是怎么拼配和选料的。

那一天，我们台湾茶友一行人走进审评间，映入眼帘的是老厂长略微苍白的脸色和手上留下的针管接头。一旁的邹小兰表示，老厂长刚从医院赶过来。这几天他身体不舒服，住院治疗中，但拗不过他，非要来厂里向我们亲自解说不可。

我也当场打电话给当时的省茶叶产业办公室主任杨善禧，为

老厂长坚持亲自解说2011年"海湾壹号"的选料，手腕上还戴着住院病人的姓名手环，王海强与邹小兰分坐在他两侧。

《普洱茶地理标志保护产品茶园登记证明》　　普洱茶地理标志保护产品茶园基本情况

安宁海湾茶业有限责任公司：

申请人：王海强

　　你们种植在 西双版纳 州（市） 勐海 县（市、区） 格朗和 乡（镇） 苏湖 村（居民委员会） 组的茶园 3250 亩，经认定，被列入普洱茶地理标志保护产品茶园范围。

茶园所在地： 西双版纳 州（市） 勐海 县（市、区） 格朗和 乡（镇） 苏湖 村（居民委员会） 组

茶树品种： 云南大叶群体种

种植时间： 1976年7月

特发此证。

茶园类型： 古产茶园

登记编号：5328222032010001

茶园面积： 3250 亩

鲜叶产量： 500000 公斤

登记时间：2012 年 12 月 1 日

登记单位： 西双版纳 州（市） 勐海 县（市、区）

"海湾壹号"拥有普洱茶有史以来的第一张茶园证——苏湖大寨。（海湾茶厂提供）

《普洱茶地理标志保护产品茶园登记证明》　　普洱茶地理标志保护产品茶园基本情况

安宁海湾茶业有限责任公司

申请人：安宁海湾茶业有限责任公司

　　你们种植在 西双版纳 州（市） 勐海 县（市、区） 格朗和 乡（镇） 帕沙 村（居民委员会）老、中 组的茶园 2000 亩，经认定，被列入普洱茶地理标志保护产品茶园范围。

茶园所在地： 西双版纳 州（市） 勐海 县（市、区） 格朗和 乡（镇） 帕沙 村（居民委员会）老、中 组

茶树品种： 大叶群体

种植时间： 300~500年

特发此证。

茶园类型： 古树茶园

登记编号：5328222032205001

茶园面积： 2000 亩

鲜叶产量： 200000 公斤

登记时间：2012 年 月 20 日

登记单位： 西双版纳 州（市） 勐海 县（市、区）

第二张茶园证——帕沙老寨。（海湾茶厂提供）

延宕未决的茶园证催生。于是我们的"海湾壹号"便拥有了普洱茶史上第一张茶园证——苏湖大寨，与第二张茶园证——帕沙老寨。此外，我们还和老厂长共同在广州国际茶叶博览会上宣布此事。而"海湾壹号"与之后的"礼运大同"同时拥有电子身份证，成为当代普洱进入数据化时代的滥觞。

记得 2011 年"海湾壹号"刚送回台湾时，我拿给台湾有名的茶叶专家品鉴，对方说："这款茶浓烈苦涩，没办法喝！"若你问我，隔了 9 年，这款"海湾壹号"是什么滋味？我可以告诉你，经过多年陈化下来，"海湾壹号"由当年操刀"8582"的老厂长拼配，绝对是名副其实、毫不含糊。他已把当年粗枝大叶的商品茶蜕变成精品茶，除了已经开始走滋味浓强的"8582"风格外，还多了一份高雅。这也令我更感受到老厂长那份不只用心更是贴心的真情。当年那幕抱病解说的场景，让人心疼和不舍，永生难忘。

精品茶的饼型外观

对于精品茶茶饼的饼型，老厂长的看法是松紧适度，条索分明，圆润饱满，饼不掉边。但马来西亚有一批普洱茶的茶友们，却向王海强、邹小兰夫妇提出饼要压得紧实的要求，认为如此才能久存，尤其在马来西亚。他们强调大马仓的陈化非常好，茶饼在其他地方的存仓都比不上大马仓。为此，海湾制作大马仓需求的茶饼时，与老厂长传统的制作工艺已大相径庭。

至于台湾茶友，还是认同老厂长传统的饼型和制作工艺。松紧适度，才是最好的。为此，我和王海强讨论了一番。也许是老厂长的家风，他也邀请我到他的生产车间，和生产工班讨论。他把工班分成三组，每一组做六片茶，排放得整整齐齐。我看到那些压得过紧的茶饼，便毫不客气地跟他重申老厂长传统制作工艺的重要，并告诉他，请务必按照老厂长的规范来制作。我也建议王海强另外成立一个精工组来制作我们的精品茶。

在饼型的外观方面，如同邓老师所说，商品茶和精品茶是有区别的。20世纪70、80年代的商品茶的确是压得过于紧实，但现在精品茶走的是百年号字级古董茶的风格，就应该要保留过去那种圆润饱满、松紧适度、条索分明、饼不掉边的风格。老厂长和卢厂长也一致认为这种风格才是正统。

值得欣慰的是，王海强也虚心受教，这几年下来，我看见他在制作工艺上愿意接受好的意见，把产品的品质和品相都做了提升，功夫已相当到位。

海湾走向亚洲的全新版图

开创新的市场，接续卢厂长当年在国营勐海茶厂的拓荒精神，邹小兰开拓西北、东北乃至整个北方的市场，不再偏安广州。除了版图扩大，也把老厂长的价值观念传到北方，甚至这些年来，香港、台湾地区，以及马来西亚和日本都成为她新版图的一员。

我和邹小兰聊到2007年普洱茶的崩盘事件，同年老厂长在

2014年，我去临沧永德县的紫玉茶厂，以号字级为样本，用手工石磨压制的茶品"俐侎春古"，即符合圆润饱满、条索肥壮分明、松紧适度、饼不掉边的典型饼型标准。（场地提供：新芳春茶行，王林生 摄）

北京人民大会堂接受"普洱茶终身成就大师"的颁奖。两件事形成了强烈的对比。邹小兰说："海湾的茶是拿来喝的。而市场的普遍认知是，海湾茶从来就没有炒作过。"因此海湾茶在2007年的普洱茶崩盘事件中，价格非但没有下跌，甚至还异军突起，快速上升。虽然海湾创厂20年，许多有年份的老茶被喝掉了，但只要有保留下来的，都成为老茶圈藏购的对象。

在我2010年和海湾茶厂接触时，王海强曾经告诉我，他们的营业额约有4889万元。到2019年11月海湾20年厂庆时，茶厂正式对外公布的数字，营业额已经推升到约1.3亿元。老厂长、卢厂长两位老同志带着海湾家族苦干实干，诚信务本的经营态度获得大众肯定，创下了无可比拟的普洱茶传奇。

邹小兰带普洱茶协会会长董胜参观海湾茶叶博物馆，墙上挂着的黑白老照片与代表茶品，诉说着海湾的沧桑与进程。

（海湾茶厂提供）

神秘又古老的茶

商帮才是普洱茶文化传承的核心，
而商帮文化的形成，
与广义的"家族"密不可分，
因此在探讨普洱茶的家族文化之前，
应先了解何谓商帮文化。

重建号字级的商帮文化

第 五 章

老厂长和卢厂长在海湾茶厂，一方面延续了国营茶企、茶品标准化的传统，一方面也与时俱进，推出号字级的精品茶，让人看到了商帮文化的传承与使命。而用红酒的观点来看普洱茶，更可以印证号字级的商帮文化。

马帮与商帮

我在昆明和研究普洱茶文化与历史的著名学者杨凯，聊到了普洱茶的马帮文化。茶马古道和马帮文化，其实是两件不一样的事。马帮只管运输，就像现在的快递公司一样，只负责从甲地送货到乙地。长期以来把快递公司般的马帮文化，当成普洱茶文化的主流，是值得商榷的。

杨凯主编了几本关于云南普洱茶的专书，对于普洱茶的历史文化有很深入的研究。我们一致认为，普洱茶的发展史上的商帮文化和马帮文化，应该要重新检视与探讨。

普洱茶在号字级的年代，与商帮文化有什么关系？回到大清时期，普洱茶在雍正时期成为进京入贡的贡茶，现今的红河州，由汉族人组成的石屏[1]商帮，成为运送贡茶入京的主力。昆明的石屏会馆更为当年的普洱茶历史，留下无限的回忆与纪录。

事实上，商帮才是普洱茶文化传承的核心，而商帮文化的形成，与广义的"家族"密不可分，因此在探讨普洱茶的家族文化

---

1 即石屏县，为云南红河哈尼族彝族自治州西北部下属的一个县，历史悠久，文物古迹丰富。

2008年我们初探云南，造访昆明的石屏会馆，那儿还留着普洱茶商帮文化的历史遗迹。（刘建林 摄）

105

之前，应先了解何谓商帮文化。

创立号字级普洱茶的石屏商帮

明朝末年，石屏人与马帮大举迁入以产好茶著称的易武，是第一批定居易武地区的汉族人。包括同庆号创始人刘汉成、车顺号创始人车顺来，及云南名人袁嘉谷宗族等，开始入山种茶，并与少数民族进行茶叶交易以及制茶、贩茶。百年后石屏人不断移入，与当地傣族、哈尼族、瑶族等融合，共同经营以普洱茶为主的事业。由于当时地方不靖、天灾频繁，为抵御自然灾害与匪患，大家协议结伙成帮，互相帮忙，遂形成历史上所谓的"石屏商帮"。

清雍正时期，大批石屏人至易武垦殖茶园，并建立茶庄商号。直至民国，私人商号的普洱茶皆以"号"来命名。当时茶没有棉纸包装，只有裸饼，没有内票[1]，但有内飞[2]，上面记载宣传文字及商号负责人的名字。如"宋聘号""福元昌号""同庆号""陈云号"等，它们所产出的古董茶，统称"号字级"，奠定了普洱老茶的历史地位。

500 年来，石屏商帮经手的茶叶经由官马大道运送进京，或翻越青藏高原进入西藏，成为民生物资，或经由清政府在易武设立的海关联结东南亚。石屏商帮战胜险阻，以号字级茶为易武带

---

1 内票是放在普洱茶饼上的纸片，上头有茶品介绍、生产者或冲泡方法、注意事项等。
2 内飞是压进或嵌入普洱茶饼里的小纸片，上头有茶庄或订制者的标记。

绿标福元昌号（右）与其中的内飞（左）。（场地、茶饼提供：酽藏，王林生 摄）

红标宋聘号（右）与其中的内飞（左）。（场地、茶饼提供：酽藏，王林生 摄）

石屏商帮在易武乡的茶号已在20世纪40年代结束，仅留下老镇。（柳履德提供）

位于易武的福元昌号原址。（柳履德提供）

位于易武的车顺号旧址，从门上的"瑞贡天朝"匾额，可知当年制作贡茶的盛况。（柳履德提供）

来难以估量的经济产值，并为茶文化烙下了印记。

在云南，石屏商帮是兼具地方特色和儒商特质的汉族商帮，自明末清初形成，至 1951 年左右，才因战争而衰亡。不仅如此，石屏的汉族人还在易武开发六大茶山，研制皇家贡茶，清朝檀萃所著的《滇海虞衡志》即记载"周八百里，入山做茶者十万人"的盛况。号字级普洱茶，如"同兴号""同庆号""宋聘号""车顺号"等，不仅是当时的商业标杆，也见证了号字级普洱茶的兴衰。

安宁商帮是现代商帮的起点

直至 20 世纪 50 年代中茶公司成立，以私人茶号为主的商帮文化遂改由国家主导，进入国营勐海茶厂时期。

石屏商帮衰亡后，国营勐海茶厂作为普洱茶最重要的传承茶厂，从 20 世纪 50 年代的侨销圆茶"印字级"时代，进入计划经济"7542""8582"的七子饼商品茶时代，老厂长一直都是中流砥柱。

1994 年以后，易武号字级的精品茶再度受到重视。商帮精品号字级的茶与贡茶文化在"非物质文化遗产"旋风的推波助澜下，更能从老厂长身上看到传承的符号。老厂长担任总厂长时，亲自带领厂里的员工在巴达山、布朗山种植万亩茶园，这与当年石屏商帮到易武种下万顷茶树如出一辙，国营勐海茶厂的规模也因此壮大。老厂长亦坚持遵循传统制作工艺来延续普洱茶的生命，并以当代普洱之姿行销全球。如果把安宁海湾当成当代普洱的起点，那么我们可以说，老厂长是以"安宁商帮"作为石屏商帮的血脉继承，并以石屏商帮筚路蓝缕的精神，开创一个当代普洱的全新商帮文化。

由此看来，海湾茶厂可说是具有商帮特质的茶厂，当代普洱的"安宁商帮"，继承了号字级的石屏商帮，成为现代商帮文化的代表。

家族茶厂 vs. 家族酒庄

普洱茶的家族茶厂，或许以红酒的家族酒庄，如波尔多的木桐家族（Mouton Rothschild）、勃艮第的乐华家族（Leroy）来做个比较，会更容易说清楚。

波尔多的五大酒庄及勃艮第的十大品牌，许多都是家族在经营。笔者好友杨子江（中华普洱茶交流协会荣誉会长，以下统称"杨会长"）夫妇在 2015 年的勃艮第之旅，就获乐华酒庄女主人拉露女士（Lalou Bize-Leroy）的亲切接待。而在云南，他们一起去海湾茶厂，也获老厂长的亲自接待。

为什么这里会特别提到乐华酒庄？拉露女士原本是 DRC 康帝酒庄（Domaine de la Romanée-Conti）的大股东，因为对酿酒的热爱与坚持，自己也成立了乐华酒庄。乐华酒庄的酒每瓶价格在两至三千美金的时候，康帝酒庄的酒就已经是一万美金了，但识货的爱酒人士早已默默在收藏乐华酒庄的酒。现在乐华酒庄顶级小产区的 Musigny，每瓶已涨到三至五万美金，康帝的酒却还

杨会长夫妇代表我们喝红酒、品普洱的一群爱好者前往乐华酒庄参访，受到女主人拉露女士亲自的接待。

红酒界的勃艮第女皇拉露女士。（佳酿公司提供）

在一万美金。凌驾康帝酒庄之上的乐华酒庄，让人不禁联想到，老厂长 2004 年在海湾茶厂制作的班章七子饼，现在价格不过是国营勐海茶厂"六星孔雀"的五分之一而已。有如当年乐华酒庄与康帝酒庄的翻版。

拉露女士在国际酒坛是风云人物，她的特立独行早在 1988 年就引起很大的争议——她买下的葡萄庄园不用任何肥料，按照自然界的定律任其生长，甚至还放音乐给葡萄树听。当世人嘲笑她葡萄园产量低，葡萄瘦小、叶片枯黄时，她仍坚持信念，把自然法则当成酿酒的信仰。如今已 70 多岁的她，是葡萄酒自然动力栽种法（Biodynamic Viticulture）的始祖，20 多年来，自然动力栽种法也已成为葡萄酒酿酒界的主流。

她的这套酿酒哲学是依据奥地利籍社会哲学大师鲁道夫·斯坦纳（Rudolf Steiner）的理论而来，以天、地、人作为庄园文化以及葡萄园管理和顶级酿酒的制程，尽量不要有人为的干预。这在所有法国的红酒酒庄中，算是开了先例。

拉露女士于 1988 年走上自己种自己酿的酿酒之路，成为顶级酿酒师，20 多年来为乐华酒庄创造了无数的奇迹与荣耀，如今乐华酒庄在国际红酒界的地位上已经可以和康帝酒庄分庭抗礼。

老厂长也不遑多让，在 1997 年 1 月离开国营勐海茶厂，1999 年成立海湾茶厂，经过 20 年的努力，同样写下了传奇，海湾不但成为普洱茶十大茶企，老厂长还在 2007 年获得"普洱茶终身成就大师"的封号。而老厂长对国营勐海茶厂的贡献，让国营勐海茶厂 80 年来拥有崇高的地位，也堪比乐华家族几十年来

拉露女士二十几年来的坚持，造就了乐华酒庄的传奇。（佳酿公司提供）

对康帝酒庄的贡献。

　　1993 年拉露女士以自然动力法酿出的一款酒，当时饱受争议，但这款大器晚成的佳酿，颜色深、味道浓郁，带有土地和葡萄园各种丰富味道的特色，如今却成为酒界的传奇。

　　而老厂长在国营勐海茶厂时期制作的"7542""7532""8582"，当年被视为商品茶，但 30 年后，也成为普洱茶的顶级代表，众人争相竞逐。老厂长与卢厂长走出国营勐海茶厂，如今也受到茶友的肯定，市场的扩展遍及东南亚及港、澳、台。

邹小兰的开创性有如普洱茶界的拉露女士

若用拉露女士的父亲亨利·乐华（Henri Leroy）与她的成就，来比拟老厂长和他的女儿邹小兰，就更可看到海湾精品茶的前景可期了。

提到海湾的开创精神，邹小兰对卢厂长大为推崇。而这股拓荒的精神，也传给了邹小兰。

刚开始的海湾茶厂，还需要为中茶公司做代工以求生存，并在不伤害仍属国营体系的国营勐海茶厂营运的前提下，慢慢发展自己的新客户。老厂长就是那股硬脾气，不去求政府求官方。邹小兰表示，老厂长刻意低调，是因为他觉得自己办了一个茶厂，好像在跟国营茶厂竞争、抢生意一样，所以他不愿去争名夺利抢地盘。因此茶厂建立初期吃尽了苦头，但也活了下来。

邹小兰在短短的十几年间，在西双版纳勐海县、勐腊县的几个知名山寨，以及临沧地区双江县勐库镇大雪山附近的山寨，建立了多个茶园基地，掌握毛料品质的主控权，并稳定了来源数量，为海湾茶厂近十几年来的壮大，打下了坚实的基础。

邹小兰勇于创新开创的格局，几乎可媲美拉露女士，她成功让如今的海湾茶厂与民营后的勐海茶厂平起平坐，等于继承了20世纪国营勐海茶厂的声誉与地位。

老厂长、邹小兰一生不服输和开创的性格从很多方面可看出，海湾不只为天下人做入门好茶，更有精品茶系列的定调，作为海湾茶厂提升品牌价值的重要基础。2012年海湾茶厂在广州茶

邹小兰与老厂长父女情深，她请父亲在海湾的龙团凤饼上签名，自己
留下珍藏。（张永贤提供）

博推出一款"良品"茶，并于 2014 年注册了"良品"商标，便是针对高端消费者与藏家制作的专用茶品，如同乐华酒庄以自有葡萄园种植的葡萄酿成的"红头乐华"（Domaine Leroy），与用采购而来的葡萄酿成的"白头乐华"（Maison Leroy），来区分精品级和品饮级的红酒。

身怀绝技不再被低估

海湾茶业博物馆的正式启用，点亮了一路的艰辛和历史回顾，也把最具代表性的"班章四杰"列柜展出。

海湾 20 周年厂庆时，恭王府博物馆与海湾茶厂共同举办了"普洱茶熟茶制作工艺"非遗传承的论坛，是以职人文化为主轴，有别于以往科学技术面的论坛。茶界、学术界的代表性人物

老厂长的班章代表作陈放在 2020 年新落成的海湾博物馆正中央，分别是百分之百古树纯料（左一）、2005 年班章小饼（左二）、"礼运大同"（右二）、2004 年班章大饼（右一）。

一起与会，从中可看出老厂长在下一个 20 年胸怀了非遗传承的重大使命。

擦亮了"海湾"的招牌，2012 年的"良品"为茶厂迈入精品级的长远之路正式定调。而"良品"命名的意义，邹小兰说："一方面是海湾的茶要有良好的品质，是良好的产品，而且有我父亲名字中的一个'良'字，更代表严谨负责、一丝不苟的精神。"

从紧握国营勐海茶厂时期制作工艺的脉动，到海湾家族更积极的向上挑战，身怀绝技的老厂长地位不再被埋没，承接号字级精品茶的价值，正在悄悄地被世人肯定。经过 20 年的时间，海湾不但有大幅的成长，还一跃成为普洱茶产业的领导龙头企业之一，与此同时，我们也看到了老厂长为重建普洱茶的商帮文化而奋起的努力与精神。

老厂长在海湾茶厂 20 周年厂庆上精神奕奕地发表谈话。（海湾茶厂提供）

班章风云起，
谁与争锋

以小产区与茶树品种作为规范，
订出老班章茶产品标准，假以时日，
解决过度采摘问题和保护古茶树资源，
以及产品的品质和价格的稳定，
必然会发展出一条新路。

第 六 章

普洱茶 (生茶)　淨含量：357克

安徽海灣茶業有限責任公司·中

Anning Haiwan Tea Industry Co.,Ltd.Yun

普洱茶界提到班章，可是不得了的优质好茶，不但口感佳、风味独特，市场价格更是居高不下。即使没喝过普洱茶的人，可能都听过"班章普洱茶"或"老班章普洱茶"。但什么是班章？

班章，犹如波尔多之于红酒，景德镇之于瓷器，麻豆之于文旦，是一个位于云南勐海县布朗山乡的著名普洱茶产区，下辖老班章、新班章、老曼峨等五个寨子，而这些产茶的村落，所产出的普洱茶风味不尽相同，却都令普洱茶爱好者趋之若鹜。

班章稀缺，备受瞩目

为何引领当代普洱风骚的是班章产的茶？

老厂长表示，班章因为味道浓烈，早期是拿来当"辣椒"提味用，所以被评为七、八级的低级别，并没有受到重视。直到2003年，广东的茶友带头做了一批班章生态茶，引发所谓的"班章热"。而老厂长与时俱进顺应市场的需求，早在2004年就定做了一批班章七子饼茶，让班章茶从配角转为主角，更成为班章风云的领头羊之一。根据官方数据，2017年六大茶类毛茶总产量是258万吨，云南省的普洱茶总产量是15.7万吨，仅占毛茶总产量6%。但在"中国农产品区域公用品牌"所定义的区域产地与产品评价体系，普洱茶价值连年都排前三名，由此可见普洱茶受到的追捧和热爱。

而普洱茶的年总产量中，老班章寨的全年总产量只有140吨，这个产量，仅占云南普洱茶15.7万吨的0.09%，也就是万分

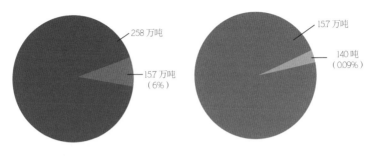

2017 年普洱茶产量与茶类总产量比例   2017 年老班章总产量与普洱茶产量比例

之九！这充分说明了班章茶是何等稀缺。

2018 年秋季，香港仕宏五周年纪念普洱茶专拍，由编号 001、2004 年出厂的"金大益"敲下第一槌，自此，新普洱与普洱古董茶一同跃上舞台，为当代普洱的收藏投资，开创了一个新契机。

2008 年的"陈升号"[1]老班章出现，促使许多爱茶人士开始关注班章。市场的追捧，让"陈升号"老班章声名鹊起，奠定"班章为王，易武为后"[2]不可动摇的地位。尤有甚者，2003 年的班章有机茶"六星孔雀"[3]，也在 2018 年创下约 400 万元的成

---

1 "陈升号"为云南勐海陈升茶业有限公司于 2009 年 10 月注册成功的商标，该茶厂拥有布朗山老班章、古镇易武、勐宋山那卡、南糯山半坡老寨等四大普洱茶的原料基地。
2 在此之前，普洱茶以易武地区所产为大宗，当地也有许多大大小小的普洱制茶厂。
3 广东何氏家族福今茶厂的班章产区所订制的生茶，由国营勐海茶厂 2003 年生产。该批茶以四星到六星做区分，六星品质最好，包装纸的孔雀图样上方有手工加盖的六星印章，代表六星品级。

年份	古树春茶毛茶价格（币别：人民币）
2000 年	8 元 / 千克
2001 年	11—12 元 / 千克
2002 年	80—120 元 / 千克
2003—2004 年	国营勐海茶厂只收购一部分就没有收购
2005 年	120—180 元 / 千克
2006 年	180—400 元 / 千克
2007 年	800—1500 元 / 千克
2009 年	400—600 元 / 千克
2010 年	1200 元 / 千克
2012 年	2000—3000 元 / 千克
2013 年	3500 元 / 千克
2014 年	8000 元 / 千克
2015 年	5000—10000 元 / 千克
2016 年	6000—8000 元 / 千克
2017 年	4000—8000 元 / 千克
2018 年	8000—15000 元 / 千克
2019 年	8000—15000 元 / 千克
2020 年	8000—15000 元 / 千克

历年班章春茶毛料采购价格表，20 年来翻涨了超过 1000 倍。

交纪录，"当代普洱，班章为王"的江湖地位，就此确立。

满街都是班章

随着班章产区的价格居高不下，坊间也开始出现各式各样千奇百怪的"班章茶"。记得 2018 年 11 月，我在昆明的酒店看到大厅转角有间茶馆，里面的三片班章茶标价仅人民币 100 元，当时便觉得不对劲，毕竟在班章毛料价格居高不下的情况下，不可能制造出这么廉价的班章茶。等 2019 年 1 月住同一间酒店，想再一探究竟时，发现不只班章茶不见，连整间店都不见了。

原来，2018 年 12 月时，云南省市场监督管理局查获 4662.5 千克宣称是老班章，但却提供不出原料产地证明、生产加工纪录

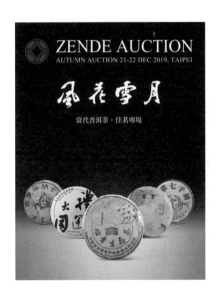

班章风云起，受到当代普洱藏家的重视。图为正德拍卖 2019 秋拍目录封面，上面的风云茶品自左至右分别为：郑添福老师的"老吉子"、老厂长的"礼运大同"、国营勐海茶厂的"六星孔雀"、七彩云南庆沣祥的"作品壹号"、老厂长的"班章七子饼"。（正德提供）

的茶品，因而所有贩卖假茶的商店都被执法人员查扣并勒令停业。可见班章的魅力，让不肖的商人都在动歪脑筋。这个事件，也宣告了云南当地政府打假茶的决心。

千分之三的顶级收藏秘诀

在过去10年，"陈升号"横空出世，"六星孔雀"一飞冲天，打响老班章的品牌，促使许多普洱茶藏家也逐渐解读出挑选与收藏优质好茶的密码。

一款具有收藏价值的精品茶，以下几个条件是不可或缺的，如霸王产区的班章、十大知名茶厂的精品茶或定制茶、有深厚基础的制茶师所制作，以及具有文化特色的茶等。我认为用下列五项要点来审评普洱茶的收藏与投资，千分之三（见下图）的顶级系统收藏秘诀就呼之欲出了。参考如下：

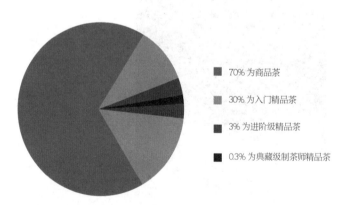

70% 为商品茶

30% 为入门精品茶

3% 为进阶级精品茶

0.3% 为典藏级制茶师精品茶

收藏家就是要从中挑选出仅占0.3%的顶级制茶师精品茶

产区：市场已定义的优质特色产区，如班章、易武、那卡、冰岛、小户赛、帕沙、凤庆、刮风寨、弯弓、昔归、麻黑、困鹿山、曼松、老曼峨等列为 A 级；上述除外列为 B 级；C 为不列级。

制茶师：在国家或是省级规范下，被归类为非物质文化遗产中制茶工艺的传人，并在自己制作的茶饼包装纸上签名者为 A 级；拥有小作坊精致茶的制茶师列为 B 级；C 为不列级。

茶企：市场已定义的十大茶企，包含大益、下关、海湾、七彩云南、龙润、中茶、滇红、黎明、龙生、勐库戎氏列为 A 级；上述除外列为 B 级；C 为不列级。

原料：依据 2008 年地方标准的分级体系，将茶青毛料分为五等十级和级外，第一至四级列为 A 级；五至十级列为 B 级；C 为不列级。

仓储：依据储存环境、条件的不同，仓储分为自然仓、人工仓。以自然仓为 A 级；人工仓为 B 级；C 为不列级。

从拼配到纯料，从商品茶到精品茶，从茶园茶到古树茶，老厂长的海湾家族与时俱进，并随着市场的需求，不断在进步。事实上，老厂长早在 2004 年就开始凭拼配的专业技能制作班章精品茶，引领市场风向。

无论商品茶还是精品茶，老厂长在制作上，是同步向前行的。1999 年时他避开使用西双版纳所产的原料，改选临沧所产，因为他不希望和国营勐海茶厂有任何的冲突，所以回避了西双版纳的茶区。直到 2004 年国营勐海茶厂结束国营转为民营后，老厂长才开始采用西双版纳的茶，并且优先选择班章茶区。

"老班章"三个字出现在 2008 年以后

2004 年老厂长做的一批精品茶，就是"班章七子饼茶"，总共 8400 片，每片 400 克。这个茶饼，背面的包装纸印着"原料、配料：西双版纳勐海县班章茶青"。连 2004 年 4 月 28 日的制造日期，也显示在这片茶饼上。原料、配料、制造日期，写得清清楚楚。

那个年代，班章茶并没有使用"老班章"的名称。在一次私房茶会上，友人拿一个印有"老班章"三个大字的沱茶，问我是真是假。我递给在场的杨会长看，他毫不犹豫地说："这是假的老班章。"因为打开的包装纸，上面印的生产日期是 2005 年。杨会长很笃定地向朋友说："'老班章'三个字是 2008 年以后才出现在包装纸上的，2005 年只会出现'班章'两个字。"

那个年代，也没有特别强调古树纯料，所以只载明"西双版纳勐海县班章茶青"，这也为历史做了见证。如果我们像老厂长一样回归本质，敢说清楚，敢写明白，一个为天下人做好茶的初心，就显而易懂了。

2004 年的"班章七子饼"总共 8400 片，以每片 400 克来计算，总重大约 3 吨多一点。海湾茶厂当年生产的茶，已经在 1000 吨左右了，而作为精品茶的班章，只占茶厂当年产量的 3‰左右。

128

2004 年老厂长推出了第一款以班章产区为名的
七子饼茶。（王林生 摄）

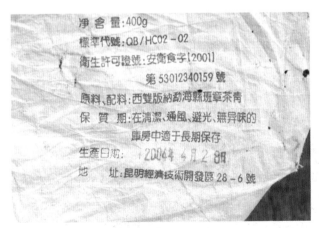

净含量:400g
標準代號:QB/HC02 - 02
衛生許可證號:安衛食字(2001)
　　　　第53012340159 號
原料、配料:西雙版納勐海縣班章茶青
保質期:在清潔、通風、避光、無异味的
　　　　庫房中适于長期保存
生產日期: 120044 4 2 8日
地　　址:昆明經濟技術開發區 28 - 6 號

2004 年班章茶饼背面，载明原料来自西双版纳
勐海县班章茶青。（王林生 摄）

早年用班章有如辣椒提味

谈到班章这个地方的原料，老厂长表示，早些年的时候，班章茶的外观粗枝大叶，所以在评量价格时，它反而落在级别低的七、八级，是最不值钱的原料。

气候与风土让班章地区所产的茶滋味浓强，就像一盘好菜上面加的辣椒一样。辣椒是配料，不是主角。所以早年拼配时，班章毛茶是用来加重口味的。

老厂长认为，喝茶选班章的人是真正的高手。2003年，广东人向国营勐海茶厂订制一批限量的"六星孔雀"，是最早指定选用班章产区的原料制茶的人。

无独有偶，台湾的制茶名师郑添福次年（2004）与台湾友人首次前往班章寻找制茶的原料，当时原料取得非常困难，他找

班章毛料条索又粗又大，难怪每公斤要价这么高。

了当地友人帮忙寻遍所有老班章茶王树的毛料，只分到几百公斤，制成 200 克的小饼。在台湾素有"班章王"收藏封号的王杰认为，广东人、老厂长、郑添福不约而同都选班章所产的原料制茶，可见班章一定有它独特且迷人之处。

风土决定排名，而非寨子有多老

班章里有所谓的"新班章""老班章"，究竟哪个新，哪个老？按新班章村主任李永勤的说法，"老班章"并不老，"新班章"并不新，他们的祖先都是同时从帕沙老寨迁过来的。事实

王杰是台湾红酒与普洱茶知名藏家。

海湾班章茶园中的老茶树生意盎然。（海湾茶厂提供）

上，这两个行政区域，是云南省政府在 20 世纪 50 年代时划分、命名的。

时间证明，不是寨子有多老，而是风土决定排名，"老班章"怎么比都是第一名的顶级精品茶。

我和王杰在他的茶会馆几经试饮，共同的结论是，只要喝到的是来源明确的、10 年以上的班章，怎么喝，怎么泡，都有很典型的"班章韵"，老厂长曾用"霸"一个字来形容，尤其是第一时间闻干茶，第一时间开汤闻热香，第一时间茶入口时的喉韵。班章的独特风格，实在是太迷人了。王杰用红酒的观点来做比喻，班章这块茶地所呈现的风土特点，就是独一无二。难怪，班章会成为八方英雄共同的首选。

传统的制作工艺是离不开历史与人文的。2016 年，老厂长制茶 60 周年，我们决定共同策划一款以老厂长出生地"祥云"为名的精品系列，为普洱茶的"天、地、人"合一，做一次传承的示范。

"祥云在天"是古树加拼配的代表作

大家耳熟能详的拉菲酒庄（Château Lafite Rothschild）红酒，其拼配后所形成的丰富韵味，受到全球喜爱。而红酒的拼配，原料大多来自不同品种的葡萄小产区，酒庄再依自己特有的风格，定义不同的比例，酿造出各具特色的产品。例如五大酒庄之一的拉菲，因年份不同，拼配的比例会做微调，通常是 70% 苏维

"祥云在天"是古树加拼配的代表作。（场地提供：新芳春茶行，王林生 摄）

浓（Cabernet sauvignon）、25%美洛（Merlot），和3%白苏维浓（Cabernet franc）[1] 及2%的地方小品种（Petit Verdot），因为苏维浓含量较高，所以酒质更醇厚和耐藏。但勃艮第则是用单一葡萄品种黑皮诺。由此可见，红酒的拼配可以是单一小产区，也可以是两三个，甚至多个小产区，而这么做主要是为了"扬优隐次"。

普洱茶的拼配和红酒类似，可以是不同小产区加上古树纯料，也可以是古树加大树和中树的拼配。"祥云在天"就是三个小产区的古树纯料拼配而成。老厂长采用50%老班章、25%新班章、25%老曼峨的古树纯料，与小产区的顶级波尔多红酒拼配方

---

1 苏维浓（又称赤霞珠）、美洛（又称梅洛）、白苏维浓（又称品丽珠）等，都是酿造用葡萄的品种。

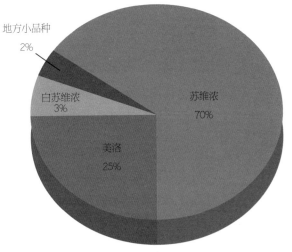

拉菲酒庄红酒原料比例

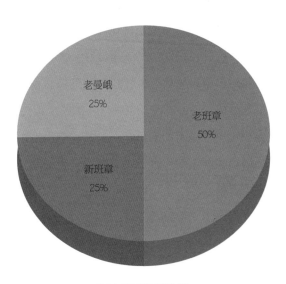

"祥云在天"原料拼配比例

式，可说异曲同工。

"祥云天地"的制作真是工程浩大，耗费时日。当时两岸文化交流频繁，邹小兰夫妇、邹晓华夫妇于是到台湾来参访。我邀请他们参观琉璃艺术家杨惠珊坐落在台北松烟文创园区里的小山堂，希望把"祥云天地"和杨惠珊的琉璃作品"圆满观音"结合，发展出几款代表作。

"祥云天地"用什么样的产区为产品定位呢？我和邹小兰聊到现在的普洱茶产区，班章为王，冰岛为后。"祥云在天""祥云在地"，原料就用一王一后的概念定调。但邹小兰有不同的看法。她认为根据普洱茶的历史，为后者并非冰岛，而易武以它的历史和文化背景称后，符合公认的价值体系。所以最后我们决定使用班章和易武的原料制茶。

我把这个计划跟杨会长说，他立刻建议商请台湾艺术家杨恩生老师（以下统称"杨老师"）为"祥云天地"设计包装，以突破传统包装的单调，增加艺术性跟文化气息。杨老师是驰名国际的水彩生态画家，去过云南，也画过云南的少数民族。

我们决定邀请杨老师到班章、易武古茶山发掘少数民族的题材，并把水彩画制作成一套手工上色的石版版画，搭配"祥云天地"，做成限量版。

于是，身材壮硕的杨老师扛着沉重的相机，在大伙的引导下，参观了老班章村32号高建忠的茶园，中途甚至在泥泞的草坡上跌一跤，直往后滑，我在下头接了他一身的泥巴。杨老师回台之后，画了一组以老班章村为背景的版画。这组版画我们以

500 克"祥云在天"的特件做搭配，老厂长也破例在包装前亲自签名其上，这是何等的殊荣！

石版画是一项复古且特别的工艺，它利用油和水互相排斥的原理，形成石版印刷面。随着时代的推移，以及制作的困难、成本的高昂，如今几乎都快失传了。因此杨老师的原创手工上色石版版画，可说是版画的绝响。对作品要求严谨、精美的他，花一年的时间才完成。包含少数民族采茶少女、采茶农妇等限量作品（每张原创石版，只制作 50 张，而且手工上色，如果效果不如预期，就销毁重画），将古茶山的天、地、人的特殊性，通过石版工艺，一一呈现，搭配老厂长的"祥云"系列，益显珍贵。

除了以杨老师的五张原创手工上色限量石版版画，搭配"祥云在天""祥云在地"，作为老厂长制茶 60 周年纪念的代表作外，我和邹小兰也把傣文的"茶"字设计成抽象图案，作为公版一起推出。

杨老师是台湾驰名国际的水彩生态画家。（杨恩生提供）

杨老师（右）带着沉重的相机，与杨会长（中）一起参访普洱茶国家资源圃。

杨老师的原创手工上色石版版画制作过程，从右上至左下：手工磨版→绘版→水洗版面→滚筒上墨→制版完成→等待印刷→上机印刷→成品晾干。（杨恩生提供）

哈尼族少女　　老班章僾尼人

哈尼族采茶妇人

哈尼族采茶少女　　拉祜族老妇

杨老师创作的"祥云"系列版画，每套五张，只制作了五十套。（杨恩生提供）

"祥云在天""祥云在地"公版上的抽象图案,是取材自傣文的"茶"字。(场地提供:新芳春茶行,王林生 摄)

老厂长破例在"祥云天地"整沱包装纸上签名。（张永贤提供）

班章毛茶风云人物杨永平

老厂长在2016年、制茶60周年纪念那年，应邹粉的要求，去了一趟老班章，和当年在国营勐海茶厂时期的老干部杨永平见面。杨永平是老班章茶青的选料高手。老厂长笑着说："杨永平把班章毛料卖得可高了，一千克都上万人民币。太贵了！"杨永平在老班章村可是大大有名，20年来他从一个小小的茶厂收料员，变成千万富翁，许多媒体都称他"班章王"，因为老班章的那棵古茶树，正是他所拥有。早年要找最好的班章毛料，老厂长会先找杨永平；现在要找最贵的毛料，还是先找杨永平。

那年卢厂长也一起去了老班章。邹小兰表示，这恐怕是老厂

在班章茶王树前，老厂长跟卢厂长都分别与杨永平合影留念。（张永贤提供）

长最后一次上老班章了，因为怕老人家会太累，身体受不了。茶王树下，邹、卢两位老人家便跟杨永平拍了几张合照，见证彼此几十年的老交情。

过度摘采容易造成生态浩劫

老班章茶区的过度采摘跟生态浩劫，让许多茶友对老班章的品质极为担心。2011—2015 年，我几乎每年都去老班章两三次。这个小寨子真是一年一变，茶农富有的程度超乎想象。是不是真的出现生态浩劫了呢？

邹小兰带我去高建忠家一探究竟。海湾所制造的老班章茶，

高建忠的女儿身穿倮尼传统服饰，解说生态好的古树茶园是生长在与杂树共生的自然环境。

有不少是出自高建忠的毛料。高建忠的女儿换上僾尼传统服饰，带我们踏进他们家的古树茶园。他们没有喷药，没有施肥，也没有用除草剂。高建忠说，他们的茶园绝不会过度采摘，也绝不会急着去抢早春的头彩，一定等春芽发到一心四五叶，也就是品质最好的时候，才去采摘。

2020年3月下旬，我在台北与高建忠联络，他说茶树的芽都才刚开始发，这一年的采摘会比往年要晚些。雨水不够，数量可能会比较少，至于价钱，可能跟2019年差不多。我对老厂长所制作的老

10年来整个班章村的风貌有了很大的变化，班章的茶农都富裕了起来，上方两张照片是10年前，下方两张则是10年后的对照。

班章非常放心，也很安心，因为他让我知道是哪一个老班章村的哪一户茶农种的茶，他们不会过度采摘，原料来源也安全可靠。

破解大厂没有班章古树纯料的迷思

很多人都说大厂不可能有古树纯料，只有小作坊或是走精致路线的新式茶企，才有可能用古树纯料。但当我亲自在邹小兰、邹晓华和王海强的带领下，去了这么多趟老班章，看到老班章村的茶农在大厂的要求下管理茶园后，发现海湾茶厂确实可接受订制最高端的老班章精品茶，并且他们是亲自带队、亲自选料，让买茶的粉丝能够充分安心与信任。

事实上，老班章村的一百多户茶农，在班章村委会的安排下，将祖先留下的茶园，如切豆腐般分配，变得非常零碎。而每个茶农所分配到的茶园，各自分开管理，一旦价格飙升，又常为了想快点卖到好价钱而急采、抢收。甚至 10 年前干旱来临时，许多茶农开始翻土、埋水管灌溉，加上观光客涌入对生态的破坏和过度采摘，茶厂在基地插牌，以及古树、大树、中树混采等乱象，造成老班章茶的价格天差地别，品质不一。

2018 年后，地方政府终于发觉事态严重，对插牌的乱象严加取缔，目前已有些许改善。我也终于明白，不只海湾，其他大厂在老班章产区与茶农的合作都是长期而稳定的，大厂的茶贩子有如采购代表，每年会评估茶农所生产的茶叶品质，订出合理的价格，并依大厂指定的条件备料，绝不会蒙混过关。

2011 年我去的时候，这棵茶王树还没有被栏杆围起来，任何人都可以爬到树上去（左），这棵茶王树曾经受过折磨，也经历了过度采摘。

为知名产区建立新的标准

　　其实老班章、新班章、老曼峨等知名产区，是可以建立新的采摘标准体系的。而这件事我也跟老厂长研究、商量过，也许从海湾茶厂跟少数老班章村的村民，和他们所管理的茶园与茶树，就可发展出一套新的标准体系。

　　这些年，由于名山寨子茶价钱昂贵，许多人往老班章茶山跑，亲自与茶农签约或直接购买，然后号称拥有寨子茶的正宗。这些所谓的古树纯料，是否能真正代表老班章寨子的茶?

红酒的葡萄品种，大多在标签上
便能解读。（赵志恒 摄）

普洱茶的品种，在包装纸上为何
说不清楚？

普洱茶树与红酒知名产区的葡萄品种分布是不同的。红酒产区因讲究风土与气候，所以很少像普洱茶园那样，有数个品种穿插其中。而茶树拥有者，在其种植区内可能有不同的树种，各树种之间也存在一些差异性。普洱茶树的品种分类，云南省已订有分级标准，一是国家级，二是省级，三是县市级。国家级品种有五个，其中三个是古树品种，包括勐海大叶种、勐库大叶种和凤庆大叶种，另外两个则为人工选培品种：云抗10号跟云抗14号。

建立小产区与茶树品种分类的标准，此其时矣！老班章村委会下辖五个寨子，每个寨子是一个小产区，各自有不同的茶树品种，因此可借用红酒的产区品种规范，将老班章寨子、新班章寨子、老曼峨寨子、巴卡龙寨子、坝卡囡寨子等不同小产区的茶树，再精确划分。例如老班章寨的古树品种，可被定义成勐海大叶种、老班章群体种、一号品种、二号品种……，从而解决现在产区混淆、茶树品种不清，只能停留在"古树甜茶""古树苦茶"的说法的问题。所以苦味浓强后回甘快速的老曼峨古树茶，就再也不会和老班章茶搞混了。

产地品管好，质与量就能正成长

以老班章村32号的高建忠茶园为例，将100年以上的大树、古树编号，从第1号编到第100号。根据这100棵古树、大树生长的情况，每年只采摘品质好的前50%、生长茂密产量丰硕的健康毛茶。剩下过度采摘或生长不佳的那50%，就不要采摘，做

做好古树茶园的维护管理，才能形成茶业发展的正向循环。

好保护。如此每年只用 50% 的数量来做茶，既能把古树茶园的维护管理做好，也可避免过度采摘。先从一两个茶农做起，时间久了，就会形成一个正循环。

以小产区与茶树品种作为规范，订出老班章茶产品标准，假以时日，解决过度采摘和保护古茶树资源，以及产品的品质和价格的稳定的问题，必然会发展出一条新路。从老班章茶出发，我们可以预见，未来知名产区原产地规范和茶品质的新标准，正在诞生中。

台湾普洱茶
发展概况

普洱茶从大清到中茶，
从中茶到国营勐海茶厂，
到当代普洱的百花齐放，
几经波折，大起大落，
转了一圈之后，
如今终于又从台湾回到了大陆。

|

第 七 章

普洱茶在台湾的传播，是近半个世纪以来的事。

日据时期的台湾学者连横，在其《茗谈》一文里详细记载闽台两地的饮茶习俗：

> 台人品茶，与中土异，而与漳、泉、潮相同；盖台多三州人，故嗜好相似。茗必武夷，壶必孟臣，杯必若琛，三者品茗之要，非此不足自豪，且不足待客。

由此可见，明清前期从福建沿海渡海来台的先民，他们喝的是由福建引种来的武夷岩茶，而非普洱茶。所以台湾和普洱茶的结缘，基本上是有断层的，因此在提到台湾普洱茶的传播与盛行之前，需先了解一下普洱茶从云南向外播迁的概况。

156

生在云南，长在香港

在所有的茶类中，以实物保存 100 年以上，拥有完整的证据和保存纪录者，唯有普洱茶。而普洱茶的世界里，若要缅怀历史，就要去云南的普洱圣城易武；若要寻找百年实物证据，则要到香港。清末以降，石屏商帮所建立的号字级普洱茶，许多都在香港被保存下来。在香港中环已有 80 多年历史的老字号茶楼陆羽茶室，现今仍保存着"陈云号"的百年老茶，而位于上环的林奇苑茶行，至今仍从事百年老普洱茶的买卖。不过同样位于上环的陈春兰茶行，则在香港 1997 年回归中国时结束营业，他们所

156
跟着老厂长喝茶去

老茶重视来源出处，2012 年 12 月，我带着我的第一本著作去拜访香港陆羽茶室的老账房，令他忆起 1992 年我向他购茶的情景。

留下的"蓝印"铁饼，最后辗转落入台湾收藏家的手上。

邓老师说："普洱茶生在云南，长在香港。"香港，不知让多少的藏家，为百年普洱的越陈越香，寻味而来[1]。根据《云南省茶叶进出口公司志》的记载，截至1990年，香港经营传统普洱茶批发、零售业务的茶庄、茶行、茶坊、茶艺中心、茶业公司，共供应800多家茶楼酒家普洱茶，普洱茶在港年销售约4000吨，其中云南普洱茶约占40%。香港的百年老店荣记茶庄（清咸丰五年开业的陈春兰老店），专营正山普洱茶，专办易武春尖等。荣记茶庄的"正山普洱茶"商标上还印有"本号具百年经验，认荣字朱印为记"等字样。

邓老师的《普洱茶》一书，也写到香港颜奇香茶庄，经营百年普洱茶，易武的四大名庄福元昌号、宋聘号、江城号、群记茶庄的茶，都能在这里寻得芳踪。此外还有英记茶行、荣源茶行、义和成茶行、利安茶庄、福茗茶庄、香港广源茶行、茶艺乐园、香港茶具文物馆、汇源茶行、香港茶艺中心等。这个热爱普洱的城市，创造了普洱茶的茶楼文化，也暗藏普洱茶绵长的品饮轨迹。

南洋华人对普洱茶的偏好

普洱茶的传播不是云南到香港而已，我们不能忘掉南洋。将

---

1 普洱茶在香港经长时间的陈放，因存放的环境条件不同而风味各异。根据邓老师的论点，陈放相对湿度低于80%的是干仓，相对湿度高于80%的为湿仓，干仓和湿仓中茶的香醇的风味截然不同。

广州国际茶博会上，大马仓存放的普洱老茶惊动茶圈。

我们的视线拉回大清，乾隆皇帝送给安南国王的普洱茶礼，确实影响了整个南洋华人对普洱茶的偏好。

对普洱茶而言，南洋像是一个海外藏茶的神秘宝库。2012年以来，广州的国际茶叶博览会上，大马仓的中茶牌"红印"圆茶，打着老仓储的旗号惊动茶圈，作为比较早的老茶仓储地，大马仓已深受各国资深茶人认可。

南洋，意指环绕南海的越南、泰国、马来西亚、新加坡等地。明清两代，两广、福建等地陆续有居民或因经商方便，或因躲避战乱而移居，随着定居于南洋的人越来越多，华人饮茶文化也逐步成形。包括广西梧州六堡茶、云南普洱茶、龙井茶、铁观音茶、大红袍茶的品饮，也在南洋这片土地传播开来。

在马来西亚槟城的华裔人士至今仍保持丰富多彩的汉文化，琴棋书画与茶文化在此随处可见。生于马来西亚的邓老师自己就曾打趣说，他喝普洱茶的茶龄，比他实际年龄多一年，因为打从娘胎里就开始喝了。

从历史上看，即使在时局动荡的清末，南洋华人的饮茶风俗仍未间断。大理、思茅及版纳、易武地区的茶叶，从越南莱州到海防出境，船运广东再转到港澳、南洋，也因而形成了普洱茶"花开南洋"的局面。

单帮客成为普洱入台的开路先锋

台湾呢，这个与普洱茶建立关系时间最短却结缘最深的地方，爱茶成痴的，大有人在。为什么普洱茶在台湾能够一枝独秀，受到品饮藏家的喜爱和追捧？

我手边最早的正式文献资料，是台湾茶改场的场长吴振铎教授在 1987 年左右，以演讲稿形式发表在《茶与艺术》月刊的一篇名为《云南，普洱茶的故乡》的考察报告，但在当时并未引起茶界很大的关注。与此同时，香港却把普洱茶推广到了台湾。记得 1991 年左右，九壶堂的詹勋华先生给我一份来自香港的义和成茶行介绍普洱茶的手稿，而我也在九壶堂喝到 20 世纪 70 年代最早期的"小黄印"。当时英记与义和成茶行，是以透明封膜包装普洱生饼和白针金莲 [1]。

往来于香港、台湾之间买卖普洱茶的单帮客，是从香港引进普洱茶到台湾的开路先锋。

邓时海带动普洱茶旋风

1990 年以后，台湾才开始大量和普洱茶有所接触。而普洱茶在台湾的推广，邓老师的《普洱茶》一书影响至为深远。

1993 年，邓老师在第一届普洱茶国际学术研讨会发表一篇论文《普洱茶越陈越香》，接着在 1995 年，出版一本名为《普洱茶》的专书，这本书后来被誉为普洱茶的圣经，带动历久不衰的普洱茶旋风，号字级的古董茶、老茶成了普洱收藏家的最爱，直

1　云南普洱茶的一种，为国营勐海茶厂首创，属于普洱熟茶。其配方源自云南历史名茶"女儿茶"。

被誉为推动普洱茶传播两岸第一人的邓时海先生。（邓时海提供）

至今日。

为完成此书，邓老师不辞辛苦，远赴云南，亲自走访茶山，从源头找史料。他还探访当年的国营勐海茶厂厂长邹炳良，引领大家进入普洱茶历史文化的领域。

台湾有来历的古董茶，源自香港知名茶庄

不久，香港因 1997 年回归，许多老字号茶行出脱古董普洱茶，于是 20 世纪 50、60 年代的"红印""绿印"和"蓝印"铁饼等珍贵的中茶牌早期圆茶，静悄悄地到了台湾，并成为主流收藏圈与高级茶会所的最爱。具有长远眼光的一些收藏家，甚至不惜巨资，珍藏许多古董老茶。

但普洱茶在台湾并没有形成群体效应，只在小圈圈里发酵。普洱茶甚至被称为"发霉的茶"，这个污名整整 30 年都未能改变。

然而在品饮市场里，普洱茶却快速发展起来。以吕礼臻、郑添福老师为首的一些茶人，1994年开始前往易武寻根，自此台湾茶人络绎于途，吕礼臻还与当年的乡长张毅见了面，为两岸普洱茶的文化探源之路，踏出了一大步。

吕礼臻点燃普洱茶文化复兴的圣火

台湾茶界老前辈吕礼臻堪称当代普洱的推手，在普洱茶的寻根溯源上功不可没。

在台湾，吕礼臻是最早接触到易武号字级古董茶的茶人之一，但他和中华茶联的茶友们走进易武乡，看到的却是一个从1940年就停摆的荒城。他坚持要找回易武号字级的制作工艺，但遍寻不得，最后当地人士请他找已退休的老乡长张毅试看看。

吕礼臻找到了张毅老乡长的家，可他已中风，卧病在床。他把身上带的十万人民币放在老乡长身上，老乡长口不能言，激动得想握住吕礼臻的双手。吕礼臻留下钱，只说："老乡长请您做主，万事拜托了！"随后便离开易武，返回台湾。

张毅果然没有辜负吕礼臻的请托，次年（1995），"真醇雅号"这片茶诞生了。它找回了号字级的制作

易武乡老乡长张毅（左）与吕礼臻（右）合作，找回了号字级的制作工艺，也为普洱茶的文化复兴，开启了新的一页。（吕礼臻提供）

易武的车顺号是清朝受封获颁"瑞贡天朝"匾额的茶号。吕礼臻到车顺号旧址造访时,与车家后代车智洁(左)留影。(吕礼臻提供)

工艺,也为普洱茶的文化复兴,开启了新的一页。日后,以号字级为号召的古树纯料普洱茶风云四起,在台湾也成就了百家争鸣、百花齐放的局面。

　　2000年开始,古董茶和20世纪50、60年代的老茶以及70年代的"7532""7542"和80年代的"8582""88青"这些当年的商品茶,从香港一波接一波地到了台湾。旅行文学作家,同时也是普洱茶痴的吴德亮所著的《风起云涌普洱茶》,让收藏古董普洱茶和老茶的风气大开。而陈智同的《深邃的七子世界》,则清楚且有系统地将50年代至千禧年间云南国营茶厂所生产的茶品,以图文并茂的方式介绍其外观、内飞、内票等,成为品鉴普洱茶的必读参考用书。

　　短短不到10年,普洱茶便成了台湾茶界收藏的新主流。

普洱茶在台湾兴盛的三个途径

普洱茶在台湾的兴盛，和三个主要传播途径有关：一是专业媒体的深入介绍，二是茶道老师在会所、茶空间为主的环境下推广，三是在文化圈、艺术收藏圈里，以收藏为概念形成的老茶收藏圈。

此外，台湾的文化圈以发表文章、出版专业书籍和专业媒体报道，20多年来潜移默化了海峡两岸暨香港的普洱茶爱好者，如五行图书公司早年出版的《普洱壶艺》季刊，每期以专辑形式，对普洱茶的产区、产品、茶人、制茶师、制作工艺等深入介绍。在海峡两岸暨香港与马来西亚、韩国的茶行、茶界，举行跨国的国际普洱茶交流研讨活动，以集大成的方式对普洱茶传播与推广，迄今未歇，形成一股普洱茶文化传播的新势力。

而这些来自许多国家的普洱茶界专业人士，对2000年以后生产的普洱茶，进行评鉴与推荐，为普洱茶的品饮，梳理了从古董茶到印级茶、早期七子饼茶、中期七子饼茶，再到2000年以后的"大茶大货"茶、古树纯料茶、精品小产区茶，建立了有系统的精准脉络。

与此同时，以吕礼臻、郑添福为首的茶界人士，走出台湾茶的领域。他们是第一批到云南去做普洱茶的台湾人。而台湾传统茶行也开始以"知名产区""古树纯料"为号召，影响所及，许多茶行、茶道老师，从原本的台湾茶转向推广普洱茶，甚至组队前往云南寻找高山云雾好茶或古树纯料，再回来推荐给自己所属的品茶小社群。

普洱茶园多位于高山地区，遥不可及。（海湾茶厂 提供）

普洱茶不再与发霉的茶画上等号

对台湾人而言，普洱茶和台湾茶最大的差别，是普洱茶的信息相对比较难辨虚实。台湾的茶山，开个车，三小时之内就能到了，但云南的普洱茶山却遥不可及，尤其高达十米的普洱茶树，不看照片不敢相信。

另一方面，许多台湾陶艺家的柴烧作品，与普洱茶茶具结合做推广，也使得普洱茶在茶具文化收藏圈里形成一股势力。其中晓芳窑与陶作坊，在两岸之间已建立口碑。天仁茶叶、百年峣阳、王德传等这些知名的台湾茶号，也纷纷抢推自有品牌的普洱茶，而这些精品普洱茶，也成为送礼给贵客的首选之一。

经过这么多年，台湾喝茶的人几乎无人不知普洱茶，也逐渐改变"普洱茶等于发霉的茶"这个刻板印象，因为不管送礼还是时尚包装，或是在文化圈品饮的普洱茶，早已截然不同，焕然一新。

普洱茶在台湾的金三角

在台湾，普洱茶品饮也形成三个主流市场，成为普洱茶在台湾的"金三角"。其中一角，是以古董茶、老茶为主的收藏，另一角则是以知名大厂和茶山所形成的品牌普洱茶，如大益、老同志、七彩云南、六大茶山、中茶牌、下关茶厂等知名大厂推广到台湾的精品茶。第三角则是台湾小作坊，以古树纯料所推的精品茶，量小稀缺而包装精美，仅在小圈子里分享，是其特色。这些

各知名大厂的品牌，也已推广到台湾。

台湾的小作坊，以自身的专业寻找心目中的好茶，在自己的品鉴体系里推荐给忠诚的茶客。

　　台湾在短短的二三十年间，不仅集普洱茶古、老、中、青、新各时期精品之大成，还通过"金三角"主流市场发光发热，以文化传播的力量，将普洱茶重新送进马来西亚、日本、新加坡、韩国，尤其是大陆。

从台湾出发的普洱茶传播轨迹，将会影响下一个 60 年。"普洱茶生在云南，长在香港，在南洋开花，在台湾结果。"来自大陆的普洱茶也将会回到大陆，在新的大陆"金三角"市场落地。

保真溯源的新趋势

普洱茶的拨乱反正，和老厂长有相当大的关系。早年他在国营勐海茶厂所做的"7542""8582"，坊间有很多小厂争相模仿，使得市场上混淆不清，真假难辨。尤其当老茶、中期茶的价格往上飘升的时候，一片"7542"可卖到78000元，一片"8582"甚至超过十二三万元，但几乎 90% 以上都有争议。邹晓华表示，1996 年老厂长离开国营勐海茶厂前，国营勐海茶厂出品的茶的包装纸上，老厂长绝不会签上自己的名字或职称，但坊间有太多有这样包装的仿制茶，很多茶友其实并不了解。

不止如此，2006 年 8 月 16 日之前，"老同志"所生产的茶砖，里头是有竹片的，但坊间出现一堆有竹片的"老同志"假茶砖，我把这些茶砖带到海湾茶厂请教，邹小兰看完之后说："从包装看几乎是九成九的像，但里面茶的品质呢，完全不是那么回事。"我们希望能够彻底解决"老同志"茶砖真假莫辨的问题，这也成为普洱茶在台湾的传播轨迹上一个重要的里程碑——保真溯源的规范。

2010 年 9 月，台湾一群茶友在普洱茶寻根之旅中，与云南的产官学研共聚一堂，开启了两岸共同推动当代普洱溯源管理与认证体系的合作，老厂长也在其中扮演重要的角色。

首先，云南普洱茶协会的会长张宝三建议台湾的茶友，以消费者的身份成立一个对接的协会。于是我们正式向有关部门提出申请，并在 2012 年 9 月 23 日经核准成立中华普洱茶交流协会，作为推动两岸普洱茶文化交流的核心组织。

参与两岸合作普洱茶溯源和履历认证的第一人

2010 年 9 月，普洱市副市长兼云南农业大学副校长盛军接待我们这支从台湾来的参访团时，曾为普洱茶的发展，提出茶产业、茶科学、茶品牌、茶文化、茶金融"五朵茶花"的期许。

次年（2011），台湾的茶友提出"第一饼有电子身份证"的普洱茶的构想，并由台湾永丰余集团旗下的永奕科技公司，为当

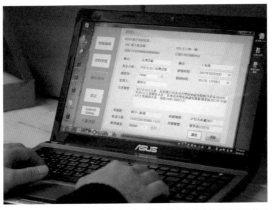

台湾永丰余集团的永奕科技公司，跨两岸与云南省茶业管理单位及茶厂合作，引进高科技的 RFID 技术，为每一片普洱茶提供生产履历。

"海湾壹号"也取得了电子身份证。

代普洱建立一个智能化管理的云端数据库架构，复以 RFID（无线射频辨识系统）的成熟技术，应用于普洱茶的生产履历和仓库履历管理。

2011 年 11 月的广州国际茶叶博览会，由老厂长、云南省茶叶产业办公室主任杨善禧和台湾永奕科技公司副总经理徐永龙，在大会上正式发布第一饼有电子身份证的普洱茶，为当代普洱进入智能化管理的云端数据库时代，踏出历史性的一步，老厂长在发布会上更是以一篇名为《一生都在做标准》的演讲，轰动全场。

普洱茶重新落地于大陆

最值得注意的是，随着改革开放，经济快速起飞。2009年古董普洱茶进入拍卖会[1]，以异军突起之姿，引起收藏界的好奇。从2009到2016年之间，台湾古董普洱茶圈的藏茶，几乎都被大陆不计价格、不论好坏，只论年份，疯狂抢购、一扫而空。

如果说艺术品是可以收藏的古董，那普洱茶就是可以喝的艺术品，它在艺术收藏领域有其独一无二的地位。短短不过10年的光景，大陆顶级的收藏家，以喝古董茶为荣，更在海峡两岸暨香港的拍卖会上疯狂抢标。

普洱茶从大清到中茶，从中茶到国营勐海茶厂，到当代普洱的百花齐放，几经波折，大起大落，转了一圈之后，如今终于又从台湾回到了大陆。

不过，正如邓老师说过的，普洱茶在大清从雍正到光绪，以贡茶身份走过100多年的风光，当时皇家喝的是新鲜的生普洱茶，而非老茶，也不是熟茶，来自易武倚邦皇家茶园，经由官马大道进京的是生普，因为有特色，又解油腻，而成为清代皇室最爱。因此他主张当代普洱应该在制成新茶时就是好喝的，这是他正在推广的"青普"概念。现在，普洱茶已重新在大陆受到重视，他认为云南当地政府应该抓住趋势，鼓励消费者若买十片茶，可以喝掉七片，收藏三片，这样才能同时发挥品饮与收藏的

173

---

1 2009年，"中国嘉德"举办了第一场古董普洱茶拍卖会。

价值。只要能设计并推广一套正确的品茶方法，普洱茶一定会超越其他茶，重新在大陆再创一个品饮的盛世。

在红酒的世界里，
酿酒师贾叶被尊称为勃艮第之神；
在普洱茶的世界里，
制茶师老厂长被尊称为一代宗师。
用看待红酒酿酒师的观点来看普洱茶的制茶师，
是最明白不过的了。

借镜酿酒师，
定位制茶师

I

第 八 章

职人文化颠覆传统价值

品饮和收藏普洱茶的世界，一向只重视茶的年份、口感，以老为尊、以顶级原料为贵。长久以来以"红印""绿印""黄印""7542""8582"为尊的市场定律，正悄悄地被颠覆，职人文化在当代普洱的价值，已由 2017 年恭王府博物馆的大展揭开序幕。

文化部的非遗大展针对六大茶类，提出了非物质文化遗产传人的策展。早在普洱茶之前，四川雅安的南路边茶[1]、广东潮州的凤凰单丛[2]，已在北京恭王府博物馆展出过相关传统技艺。

普洱熟茶渥堆技艺曾经列入国家保密的对象，可见此一技艺的精湛。

其实早在 2004 年，老厂长与日本的中山博士研究的熟茶添加微生物菌发酵的工艺计划就已启动，这计划是将添加微生物菌的人工发酵和自然发酵做对比，并接受科学化的检验与挑战。2012 年计划结束时，我正好在八公里发酵基地，老厂长说："我们的天然渥堆发酵比日本的'科学发酵'变化丰富得多。"这些年来，海湾熟茶传统的发酵技术与时俱进，证明了传统技术在科技时代是不会被淘汰的。

---

1 清乾隆年间，朝廷规定四川雅安、天全、荥经等地所产，专销西康和西藏地区的官茶，称"南路边茶"。南路边茶等级高，如今已成为"藏茶"的代表。
2 凤凰单丛也称凤凰茶，是位于广东省潮州市潮安区凤凰镇山区所产的一种乌龙茶，因其拥有独特的香气，且单株采收、单株制作而声名远播，早在明代即成为贡茶。

老厂长与日本的中山博士合作研究熟茶发酵技术。（刘建林 摄）

恭王府博物馆的大展，以非遗传承来说明职人文化的重要，破除普洱茶长期以来追捧明星产品、明星产区的偏执，改以文化含金量而非茶产品来引领风潮。

制茶师当与酿酒师同受崇敬

老厂长制茶师的地位就像法国酿酒大师亨利·贾叶（Henri Jayer）。在红酒的世界里，酿酒师贾叶被尊称为勃艮第之神；在普洱茶的世界里，制茶师老厂长被尊称为一代宗师。用看待红酒酿酒师的观点来看普洱茶的制茶师，是最明白不过的了[1]。

---

1 此为作者 2018 年 7 月在《万宝周刊》发表的一篇文章里率先提出的观点。

首先，他们的代表作都价值不菲，且在东西方的拍卖会上建立了价值体系。2018 年 6 月 17 日，一位收藏家手中珍藏的贾叶 1970—2001 年间酿制的 1064 瓶代表作，在瑞士的拍卖会以 3000 万欧元（超过 2.2 亿元）成交。老厂长的代表作，1985 年的 42 片 "8582" 普洱生饼，在 2018 年的香港拍卖会

亨利·贾叶的知名酒品。（王杰提供）

上以 530 万港币（相当于 445 万元）成交。如果以 1000 片推算，就是 1.1 亿元，创 80 年代七子饼普洱茶直追 50 年代印级普洱的天价纪录。

选产区、选风土，老厂长与贾叶皆同

对普洱茶产区或葡萄园风土特色的重视，老厂长和贾叶可说是异曲同工。

如同贾叶以他的一级葡萄园区——克罗帕宏图（Cros Parantoux）葡萄园，越级挑战康帝家族的李奇堡（Richebourg）特级葡萄园一般，老厂长也坚信，他在苏湖大寨和帕沙老寨原料基地的精品代表作，经得起越级挑战，能与班章等级的名山大寨一

帕沙茶园。（海湾茶厂提供）

较高下，而且是继承了国营勐海茶厂时期"7542""7532""8582"
或"88青饼"的拼配工艺。爱好普洱茶的人，一定知道什么是
"7542""8582""88青饼"，但有更多的普洱茶爱好者不知
道，这些茶都是出自老厂长之手。如同贾叶对葡萄原产地的苛
求，老厂长也重视普洱茶树的生态和原料配方。

茶神 vs. 酒神

贾叶的传奇事迹，是在被蚜虫毁耕的一块最坚硬贫瘠的土地
上，以炸药炸了四百多次后开垦出葡萄园。不以产量，而是以着
重原生态、精致酿酒的工艺方式，每年限量生产。他的克罗帕宏

图产区葡萄酿的限量酒款，成功挑战世界顶级的康帝家族特级庄园李奇堡酒，赢得了世界级酿酒师"勃艮第之神"的封号。

相较于西方的酒神，老厂长则是东方的茶神。老厂长在帕沙老寨的茶园基地，生态维护管理可说是典范。帕沙老寨有2900亩的古茶园，数百年的古茶树成片成林。2011年我们首次前往古寨，在海湾基地看到由老厂长的亲戚次二管理的古树茶园。在良好的维护下，古茶树生长茁壮且枝叶茂密，并与杂树共生，连片的林相之美，错落在寨子周围。这与我在苏湖大寨所看到的新式茶园生态（梅二带着我一路介绍当年老厂长在村寨、树林、竹林间所栽种的茶树）别无二致。

制作普洱茶和酿造葡萄酒，老厂长和贾叶都是各自有理念

苏湖大寨。

和思想的人。贾叶尊重土地、尊重生态，以"不干预"的酿酒理念，为后世酿酒师做了最好的榜样。他强调的是，自家所酿制的葡萄酒要能完美呈现葡萄园的风土与生态特性。老厂长重视帕沙与苏湖大寨风土和生态的理念，与贾叶相同。

普洱茶与红酒，都讲求天、地、人的结合

普洱茶是天、地、人结合的精华，普洱茶与红酒在东西方都是文化之饮。红酒所说的风土概念，简而言之，就是生长环境的总和，包括土壤类型、地形、地理位置、光照条件、降雨量、日夜温差和微生物活动等自然因素。因此每年的产品有差别，定义了年份的好坏。

台湾红酒与普洱茶知名藏家王杰说："一饼好的普洱茶，就像一瓶好的红酒，必须是出自好的制茶师和酿酒师之手。"一个制茶师要有独特的眼光，选出自己认定的独特风土，去制作一款别人做不出的好味道的茶。每一块土地都是独一无二的，呈现在茶的身上，这个滋味就会是独一无二。红酒世界里有很多很棒的例子，一个好的制茶师，也可以如法炮制。

云南主要的普洱茶产区，从县市到乡镇再到村、寨的小块茶园，像极了丰富多样的勃艮第小产区。即便是相邻的葡萄园，都因风土不同而有不同的风味。

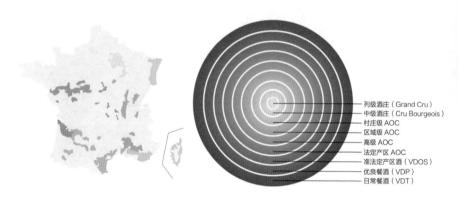

列级酒庄（Grand Cru）
中级酒庄（Cru Bourgeois）
村庄级 AOC
区域级 AOC
高级 AOC
法定产区 AOC
准法定产区酒（VDOS）
优良餐酒（VDP）
日常餐酒（VDT）

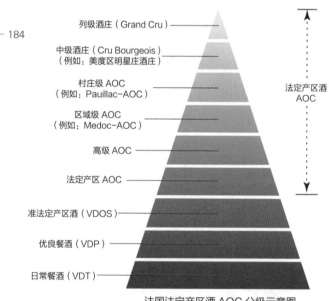

列级酒庄（Grand Cru）

中级酒庄（Cru Bourgeois）
（例如：美度区明星庄酒庄）

村庄级 AOC
（例如：Pauillac-AOC）

区域级 AOC
（例如：Medoc-AOC）

高级 AOC

法定产区 AOC

准法定产区酒（VDOS）

优良餐酒（VDP）

日常餐酒（VDT）

法定产区酒 AOC

法国法定产区酒 AOC 分级示意图

普洱茶法定产区分级示意

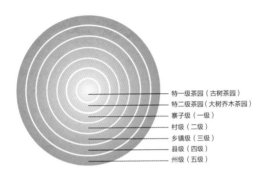

特一级茶园（古树茶园）
特二级茶园（大树乔木茶园）
寨子级（一级）
村级（二级）
乡镇级（三级）
县级（四级）
州级（五级）

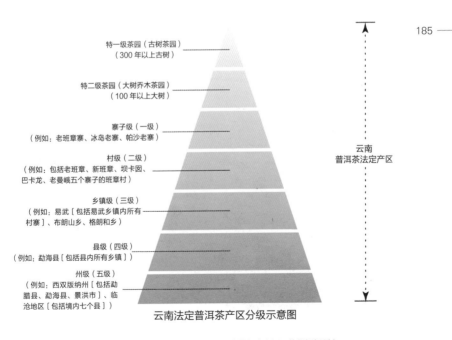

特一级茶园（古树茶园）
（300 年以上古树）

特二级茶园（大树乔木茶园）
（100 年以上大树）

寨子级（一级）
（例如：老班章寨、冰岛老寨、帕沙老寨）

村级（二级）
（例如：包括老班章、新班章、坝卡囡、
巴卡龙、老曼峨五个寨子的班章村）

乡镇级（三级）
（例如：易武［包括易武乡镇内所有
村寨］、布朗山乡、格朗和乡）

县级（四级）
（例如：勐海县［包括县内所有乡镇］）

州级（五级）
（例如：西双版纳州［包括勐
腊县、勐海县、景洪市］、临
沧地区［包括境内七个县］）

云南
普洱茶法定产区

云南法定普洱茶产区分级示意图

普洱茶以法国葡萄酒法定产区分级为借镜，还有很大的探索空间，值得好好研究。

台湾制茶师郑添福遇上老厂长

2018年秋天，我和台湾知名的制茶师郑添福去探望老厂长。郑添福向老厂长请教当年"7542"的配方与"8582"的饼型。老厂长得知郑添福也是经验老到的制茶师，闲聊几句后，便开始讨论制茶工艺的专业细节。

老厂长时而激动地站起来坚持己见，时而谦和地当着我和郑添福的面说，他还在学习，他也是学生。经由老厂长的亲自解说，郑添福心中几十年来的疑问终于得以消除。就像普洱茶古树一样，树越高，越柔软，老厂长让我们看到了他经验丰富、坚持专业却又谦虚随和的风范。

老厂长与郑添福（右）认真地讨论制茶工艺的专业细节。（刘建林 摄）

盲饮与品鉴班章茶会

2019年6月，我和王杰想出一个别开生面的盲饮班章小叙。我们先选定年份产区加上知名茶厂制茶师的茶——《今周刊》社长梁永煌提供了他收藏的2003年"六星孔雀"班章七子饼和2008年"陈升号"老班章，我拿出2005年老厂长的班章小饼，王杰则拿出郑添福2005年的班章茶饼、老厂长2004年班章七子饼，以及老厂长的代表作"礼运大同"老班章。

这次的品饮由世界茶联合会会长吕礼臻主持。我们邀请了野村证券台湾区前总经理翁明正，资诚会计师事务所前所长薛明玲和知名主播戴忠仁一起参与品鉴。风传媒的老板张果军也派出一支摄影队伍和文字记者，全程参与录制采访，并在网络播出，为这场制茶师班章年份茶的世纪之会做了见证。

2019年6月，我们茶圈举行一场"班章风云"评比，由收藏家王杰（后排中）执壶，由吕礼臻老师（后排左）引导盲饮。

最先出场的 2005 年海湾班章 200 克小饼，是海湾茶厂创建以来首批发行限量版之一的班章茶品，由老厂长精心制作而成，选料自 2004 年的早春班章茶青，是当年海湾茶厂品质最高端的产品。吕礼臻表示，这款茶具足了特级茶的香、甘、滑、厚、重，香气纯正带植物香甜，回甘持久，汤色橙红明亮，滋味醇厚，叶底柔亮有弹性。

2004 年老厂长所制作的第一饼班章茶，包装纸上印着"班章七子饼"，是 400 克茶饼。邓老师和吕礼臻在喝到这片茶饼时，都给予颇高的评价。我后来才知道，2005 年的班章小饼用的是和2004 年班章七子饼相同的原料，由于多年的消耗和在不同地方存放，这两款班章茶的品相好坏，落差也颇大。我和邓老师的两位

2004 年的 400 克班章七子饼与 2005 年的 200 克班章小饼。（王林生 摄）

学生一起品鉴 2004 年班章大饼和 2005 年班章小饼的时候，他们看到 2005 年小饼的饼面金芽更明显，原因是毛料经过一年的陈化才压饼，小饼比大饼更见醇化。

压轴的"礼运大同"，是邹炳良严选

压轴的"礼运大同"，是以 2005 年老班章地区 300—500 年古茶树的早春鲜叶为原料生产而成，毛料陈放 6 年后，于 2011 年压制成饼，限量 1336 饼，每一泡都有不同的韵味和香气，层次丰富的程度居冠。它除了是款为纪念辛亥革命百年的文化纪念饼，更是结合国家地理标志、电子身份证认证的科技茶饼，为当代普洱体现了溯源保真的价值。台湾制茶名师郑添福的"老吉子西双版纳古茶树"，曾于 2013 年的世界茶联合会主办的国际比赛中获得金奖，这场世纪品饮当然也没错过他的作品。王杰拿出郑添福 2005 年的班章，吕礼臻也做了特别介绍，说明这片茶的制作工艺，与国营勐海茶厂 20 世纪 70 年代以来的制作工艺截然不同，可以作为当代普洱制作工艺的典范。

经过这次世纪之饮，我们这群当代普洱的爱好者，把方向对准了人间国宝级制茶师的茶，以有年份的老班章系列，作为系统收藏的首选。正如王杰所说，天地人缺一不可，成就了当代普洱的伟大作品。

"礼运大同"是为纪念辛亥革命百年的纪念饼，老厂长也在包装纸上签名。

邓老师品饮2004年老厂长的"班章七子饼",将其评为"传统制作工艺下的最佳当代普洱"。

当代"红印"再现

  吕礼臻品鉴的两个月后,我们又邀请邓老师,对班章的茶给予评价。邓老师品饮了2004年老厂长的"班章七子饼",将其评为"传统制作工艺下的最佳当代普洱",认为是正统的代表作。邓老师形容它就是30年后的"红印",并点出采料在年代上的不可逆。

  他也指出2004年大饼的背面清楚交代原料配料是西双版纳勐海县班章茶青,产品名称是"班章七子饼"。由于当时的班章还不是知名大寨,所以这片茶的包装纸上正反面的记载不会有假,也能作为早期班章茶评鉴的参考标准。

20年后的号字级茶王

在六个顶级班章的世纪品饮之后，2019年秋，我邀请邓老师到我家做第二次盲饮茶叙。在座的有好友杨会长、薛明玲等人，现场鸦雀无声，就怕漏听。邓老师缓缓地说："这个茶现在喝太可惜了，这是'当代普洱茶王'，再摆个20年，滋味浓烈会如同现在的古董茶王'福元昌'。"座中有人急着泄底："这是老厂长2005年的班章老料压的'礼运大同'。"

邓老师笑着说："老厂长现在也不容易做出来了。因为那个年代的班章茶区，经过几百年的休养生息，生态好，茶树肥壮，内质丰富，但历经最近十余年的过度采摘，即便是老厂长，用现在的原料也不容易做出当年的质地。"他的回答，一针见血。

班章产区在2003年前后开始崭露头角的那些年，茶树经过几百年的休养生息，茶叶内质丰富，逐年转韵变化令人惊喜，陈年实力十足。后来这些产区的茶树被过度采摘，即便是大师亲自

邓老师做第二次盲饮茶叙，杨会长（右）、薛明玲（中）也在场。

操刀，现在的新茶在自然风土改变的情况下，早年的那个味道恐怕也找不回来了。

以偏概全，无法定义老班章茶的价值

2020 年 6 月新冠疫情还没结束的时候，邓老师再度品饮老厂长制作的 2004 年"班章七子饼"。在场的两位茶友问："为什么这饼茶的班章韵和我们喝到的不一样？"我问："你们喝的是哪一年的班章？"茶友说："2010 年我们亲自去老班章寨子，试喝了 40 多位茶农的茶，最后选定其中一位杨姓女茶农，由她带我们在古树下采摘鲜叶。我们全程监看整个制作毛料的过程，不会有假。"我问："你们喝到的那几棵古树的味道，就能够代表班章韵吗？你们知道老班章每年的产量有多少？一年的春料可能有五六十吨。不同叶形、树型的茶树品种至少有八九种，即便是老班章的那棵茶王树，也只能代表它自己的味道。"

这背后也隐藏了一个可怕的现象。我去过老班章寨子多次，看到的景象就是满山遍野开着越野名车或成群结队，在春茶采摘的季节自

过度采摘后的班章古树。

己上山来买散茶毛料的茶客。他们甚至不愿压成饼，说压成了饼就没办法辨识，无法跟人家说明这是老班章的茶。

而红酒呢？全世界红酒的爱好者去法国的波尔多或勃艮第，大老远辛苦地跑一趟，会把买原料酒当成来朝圣的目的吗？不会。顶级酒庄、顶级酿酒师、顶级的产区、顶级的葡萄园……，才会产出顶级红酒。一趟红酒的参访之旅，不是自己去监督栽种葡萄的果农如何酿酒，更不是从果农那里把葡萄酒的半成品带回家。

从照片中老班章村口村民设置的告示，可见班章茶农也意识到收购问题的严重性。

不过是喝一口老厂长2004年的"班章七子饼"，茶友被我的一席话说得目瞪口呆，不知如何回答。他们心中或许会出现许多的疑惑。但我只是希望他们去思考什么是大数法则，什么是一不等于一百，少数是否以偏概全，样本数不足会具有代表性吗？而老厂长2004年的"班章七子饼"，从制茶师、产区、原料的级别，到选料和包装纸详尽的说明，与红酒定义价值的体系是否相同？要问到班章韵和老班章茶的价值体系，茶友在2010年亲自带回的老班章毛料，和2004年老厂长的"班章七子饼"，恰恰形成一个强烈的对比。

茶在找人，天地人成就了茶

说到"礼运大同"的故事，要从一片2010年压制的班章茶饼说起。2010年12月，我在海湾经济开发区昆明办公室喝到一款滋味浓烈、风格鲜明，值得酽藏的好茶，浓强韵味在口腔里久久不散，浓郁的樟香缭绕整个屋子，令人惊艳，是独一无二、无可取代的特殊味道。我问接待我的丁女士，才知这是用2005年100%班章古树纯料刚压制而成的茶饼，并且只压几百片，原料还在勐海的仓库里，但仅剩一吨多。

我心里盘算着这一吨多经过6年陈化的原料，若每片500克，可以做2000片左右的茶饼，于是我向老厂长提议，2011年是辛亥革命100周年，我们以这个班章老料来做2011片"辛亥百年纪念饼"吧。老厂长爽快地答应了，并亲自在车间指导压制，我们也把这段制作的过程用影像保存下来，让他毕生最经典的制作工艺，留下永久的纪录。

做茶如做人，一丝不苟

"礼运大同"当初的计划一共是 2011 片。因为是 2005 年的老毛料，有很多已碎裂断掉，但老厂长坚持它的品级要使用最上乘的毛料。因此所有碎裂的、破损的和粗枝大叶的，都被淘汰掉了。压饼时，有关于饼型的厚薄、饼型的制作，他还是用老方法，拿纸片垫着去试厚度。松紧跟压力确定完后，那些纸片还留在压饼的模具底下。

我们把他这样细微的制茶画面都录了下来。后来我们跟着邹小兰回工厂的办公室等待，时间一分一秒地过去，邹小兰终于接到老厂长从压饼车间打来的电话，听完后脸色凝重。她说老厂长说没办法做出 2011 片，只能做到 1336 片。因损耗太多，2005 年的老原料已经用完。老厂长就是这样严谨的人，他不愿意妥协，也不找替代的原料补足剩下的那些片。所以辛亥百年纪念茶饼，在 2011 年原定计划出 2011 片，最后只出了 1336 片。老厂长做茶如做人，茶品如人品。

老厂长亲自督导，绝不轻忽每一个生产环节。

老厂长站着又蹲下，反复端详机器上下的水平位置，因为稍有偏差都将影响茶饼的
完整度。

饼型的厚薄，老厂长坚持用老方法，拿纸片垫着去试厚度。别小看薄薄的一张小纸片，真所谓魔鬼藏在细节里啊！

老厂长左右上下端详，务必调整到最佳状态，哪怕是歪着头、弯着腰。

"礼运大同"是可溯源的"福元昌"

就如邓老师所说，"礼运大同"是当代普洱的"福元昌"[1]。更特别的是，它的饼身里藏有一片芯片，即电子身份证，所以它也是一片饼身藏有电子身份证的班章茶。这个芯片有50年的效期，也就是一直到2061年。即便这饼茶被喝得只剩残片，都可在云端数据库里读到50年前的履历证据。

"礼运大同"的命名，也藏着另外一个有趣的小故事。当初确定要生产2011片的班章茶饼，是为了纪念辛亥百年，所以我们的台湾团队就设计了一个"辛亥百年纪念饼"的包装纸，白纸红字，简单又大方。

这片茶成为两岸普洱茶界交流的一项成果。当时，中华普洱茶交流协会已在筹备中，杨会长以荣誉会长和参访团团长的身份，带着仅压制30片的"辛亥百年纪念饼"，去拜访云南省普洱茶协会的张宝三会长，并亲自赠送一饼给他，最后共同发布这饼有电子身份证与生产履历溯源管理的茶饼。

以无线射频RFID置入食用级PP做成芯片，直径大小2.5厘米，厚0.25厘米，再置入普洱茶饼，这是永丰余集团永奕科技公司发展出来的技术。是两岸共同合作，为当代普洱的溯源与智慧化体系建立一个现代化的新思路。

---

1 即普洱古董茶福元昌号，有"茶中极品"之称，曾在2019年的拍卖会上以天价卖出。

老厂长、杨会长（右二）、张果军（右一）与我（左一），在压制"礼运大同"的生产车间合影。（刘建林 摄）

照片中的白色圆形芯片，就是藏在茶饼里的电子身份证。

凤髓笺做包装纸

　　杨会长说："辛亥百年纪念饼的命名，太过一般了，和其他茶厂所推出的辛亥百年纪念饼，没办法做区别。我们可以把孙文的世界大同理想和老厂长为天下人做好茶的理念，合而为一，当作茶饼的名称。"当时我灵光一闪，对杨会长说："那就叫'礼运大同'吧！"《礼运大同篇》不就是孙文最高的理想？且与老厂长"为天下人做好茶"的初心也一致。后来很多朋友说这名字很容易记，一想到《礼运大同篇》就想到这饼茶。

　　"礼运大同"的包装纸也大有来头。永奕科技公司在设计这饼茶的无线射频智能化管理数据库时，希望纸张既不易破损，又需天然无毒、拉力强、撕不破，最后推荐使用1970年由中兴大学张丰吉教授与埔里的长春棉纸厂，以台湾所产的凤梨叶纤维，手工淘制的书画专用纸——凤髓笺。它是著名国画家姚梦谷先生所命名，只接受限量订制，是张大千晚年泼墨画的书画专用纸之一。由于是限量生产的顶级棉纸，一般要仿制很困难。

"礼运大同"（左）的前身是"辛亥百年"（中），源自"老班章七子饼茶"（右），是三位一体的2005年班章茶青代表作。（杨子江提供）

一张纸留下千年的传奇故事

茶和文化的联结，纸扮演关键的角色。人类保留知识与文化的工具当中，纸张当属首选。文化的传承，纸更成为重要载体。纸可以只是印刷品、商品的包装素材，也可以成为一个千年艺术文化传承的工具，并有可能价值连城。

历史上最著名的纸，少说有百种。相传东晋王羲之书写《兰亭集序》，用的是黄茧纸。唐朝佛教盛行时抄经的纸，即有"硬黄复茧，藏数千轴"的传说。到宋朝，浙江金粟寺所传下来的金粟山藏经纸，更是珍贵无比。纸的重要地位，不只在佛教，更在艺术文化的传承上，显而易见。

历代的书画珍宝，除了绢本，大多都是以纸本保存下来的。金粟山藏经纸现今恐怕早被遗忘，甚或失传了，但书画家用纸的讲究，并未停下。尤其张大千晚年所使用的凤髓笺，更是传誉后世。

张大千盛赞凤髓笺"滑能驻毫，凝能发墨，直与元明以来争胜"。他对凤髓笺的推崇，成就了凤髓笺在当代书画用纸的不二地位。

以普洱茶的文化含金量，由人间国宝制茶师老厂长为普洱茶的工艺传承，从轰动京师到走向世界。而他的顶尖代表作——"礼运大同"，就是以凤髓笺包装，茶饼足以成为传世佳话。纸，保存了茶的价值，有如现代版的金粟山藏经纸。

最古老的茶树树种所遗传千年的古老基因，
是有益我们身心健康的。
希望寿长千年的普洱茶树，
能永续健康地活着，
与人类共存共荣。

从学习识茶、
选茶开始，
跟着老厂长
喝茶去！

第九章

记得 2011 年底，我才刚进入普洱茶的世界不久，有一次世界茶文化交流协会创会会长王曼源来台跟茶友们交流，他那时说了一句话："别说得一口好茶，却没喝过一口好茶。"是的，普洱茶跟红酒一样，要喝了才会懂。老厂长"为天下人做好茶"的心愿，也要天下人都懂得喝好茶，才能相辅相成。因此在本书的最后一章，我想分享个人在普洱茶的识茶、选茶上的一些经验与心得，希望更多人能知道如何喝好茶、挑好茶，让普洱精品真正走出故宫、成为普罗大众的生活之饮。

喝出健康，普洱茶第一名

据科学研究，茶叶含有茶多酚、咖啡碱与十多种维生素，具有调节生理功能、清除过量的自由基、消除疲劳、抗菌等作用。这当中，普洱茶更被发现可降血脂、降血糖，甚至降血尿酸、抗氧化，经常饮用，好处多多。

台湾大学孙璐西教授，发现普洱茶可抑制肝脏胆固醇的合成，并能增加肠、胃蠕动，让食物和脂肪在胃、肠中储留时间缩短，减少脂肪吸收的同时，也加速脂肪的排泄，使脂肪在粪便中的排泄率达 66%。

而云南昆明医学院附属医院内科心血管组，让罹患高血脂的 55 名患者每日饮用普洱茶，与 31 名使用疗效较好的降血脂药物治疗的患者做对比，发现普洱茶的疗效优于降血脂药物，且没有任何副作用。

邦崴古茶树，是兼具野生型花果种子与栽培型芽叶枝梢特征的过渡型大茶树，树龄约一千年。

云南《普洱杂志》2010 年的一篇文章《普洱茶健康行动》，更明白指出，法国国立健康和医学研究所等四家科研机构和医院多次反复实验，对普洱茶的降血脂、降血尿酸、调节胆固醇、醒酒、减肥、促进新陈代谢、抗氧化、抗自由基等方面的作用和科学依据做了详细报道，并在临床对照中找到了实际效果。

虽然没有任何的科学证据可证明，但我相信，拥有古老"长寿"基因的茶树，表示它的生命力经过千年以上的存亡考验，这些茶树是最健康的。在云南邦崴的一个老寨子里，村民告诉我村子里年纪最大的老人已经 109 岁。这个村的村民长寿的秘诀，就在于有好山好水好茶。

为什么百茶之中首取普洱？应该是这个世界最古老的茶树树种所遗传千年的古老基因，是有益我们身心健康的。希望寿长千年的普洱茶树，能永续健康地活着，与人类共存共荣。

第一次买普洱茶就上手

喝普洱茶既然有如此多的好处，市面上的普洱茶林林总总，究竟该怎么挑选，才能买到健康、喝得安心？

首先要看外观。如我前文提过的，茶饼一眼望去，饼型圆润饱满、条索肥壮、松紧适度、前后通气，这就是品质好的普洱。饼面金黄油亮，表示它的仓储跟存放的环境条件非常好，饼型的制作工艺与选用的原料级别也到位，就不用担心买到劣质品。这里特别要指出的是，号字级古董茶的茶饼，侧边像蚯蚓一样，不

品质好的普洱茶饼面金黄油亮，侧边像蚯蚓一样，不掉边。（场地提供：新芳春茶行，王林生 摄）

会掉边。

接着，打开包装纸。长得像一个圆形的山东大饼，或是像一块打薄缩小的砖块，带一点陈年的味道，和一般茶类的鲜、香、爽、甘、滑是截然不同的感觉，这就是品质好的普洱茶。

有些普洱茶则是散发出一股特殊的鲜香，淡淡黄绿色的茶汤，入口微微苦涩，而吸口空气，立刻觉得口腔充满生津和回甘。第一次接触这种茶的人，几乎都会怀疑地问："这也是普洱茶？"是的，我们给它一个新的定义：生普。

普洱茶是所有茶类中，面貌与风格最多样化的。它是一种连续发酵茶，从鲜叶摘下，经过不同的加工工序，甚至紧压成不同的形状，在各种不同的环境或容器中保存，经年累月都还在继续发酵。所以我们可以说，普洱茶就是饼形、砖形、碗形、南瓜形等成形体状的百变连续发酵茶。

好的普洱茶没有霉味

只要是普洱茶，不管老茶还是新茶，生茶还是熟茶，都不会有霉味。普洱茶有霉味的原因很多，可能是生产加工，也可能是运输或存放上出了问题。

普洱茶在出厂的时候，它的含水量标准是在10%上下。制作时如果没有严格把关，让过多的水分留在茶片里，一旦长时间闷着，就容易有霉味，甚至产生白色斑点。

运输上也可能出问题。清朝的茶马古道，从云南运到北京

普洱茶的橇茶方法：沿着饼背的圆心，找到隙缝处切进去，以接近水平的角度，轻轻往里头橇，沿着一圈一层方式橇茶。如此除了能保持茶饼外形的完整，还可看出使用的原料级别，是否里外一致。
（场地提供：新芳春茶行，王林生 摄）

给皇帝喝的贡茶，日晒雨淋，包装不好或气候潮湿，发霉在所难免。相传慈禧太后夏喝龙井冬饮普洱，她老人家如果喝到一口霉味，恐怕就有人要被杀头了。

普洱茶存放的最适条件是温度在 20°C—30°C，相对湿度在 75% 以下。存放环境不当，产生霉味是最可能的。老一辈的普洱茶友常说的"干仓""湿仓""入仓""出仓"，都是在讲存放环境。普洱茶存放的空间，不管大小都可当成是"仓库"，保存空间四周环境的湿度是否偏高，是霉味有无的关键。

好的普洱茶没有黄曲霉毒素

普洱茶怎么会和黄曲霉毒素扯上关系？

台大食品研究所孙璐西教授指导、硕士生陈秋娥的毕业论文《普洱茶与有毒霉菌》里，对普洱茶是否含有有毒霉菌，研究得很完整。她以花生作为对照组，再在市场随机购买 44 片普洱茶，分成 ABC 三组，进行灭菌和长菌实验。经过 5 天、10 天、15 天、20 天和 25 天的观察，只有 B 组每克含有 125 微克的黄曲霉毒素，而 A 组及 C 组均未发现，但对照组的花生，每克的黄曲霉毒素则高达 12500 微克。

由这篇论文可以导出结论：市售普洱茶大多不含有毒的霉菌，而 B 组的含量是花生的 1%，数值远低于法定的安全含量标准。也就是说，普洱茶和黄曲霉毒素扯不上关系，黄曲霉毒素会致癌，和普洱茶压根儿就无关。

水质对普洱茶的影响

什么是好的水？茶汤明亮通透，水里矿物质居中，微量元素丰富，口感清晰、甘甜或柔软、绵细，是载茶的水中极品。

泡茶用水，决定茶的最终表现，是影响茶的关键载体。泡茶，软水优于硬水，但过犹不及，水中有一定的矿物质，其中对茶味最有影响的是钙，其次是镁。

美国的一个品茶网站 Yorker share 对"好水"的推荐是，钙、镁的含量在每升 60 至 120 毫克之间。过多的镁、钙等矿物质和茶多酚结合，会产生多余的杂质，影响茶味。

而水影响茶味的四种表现，包括：

色：丰富的微量元素和适量的矿物质，可与儿茶素产生反应，增加颜色的鲜、厚。

香：水质好，香气明显产生，或扬亮或馥郁或内敛或醇和。

味：优质的水，增加茶的生津速度，咽喉及口腔回甘绵长，苦涩降低。

质：丰富饱满的水质，有助于茶叶中的微量元素与常量元素释放。

水质、时间与温度的速配

泡茶的水质和水温，真是大学问。水质，没有污染的高山泉水最好吗？那是"地底水"。水有水脉，地底水的水脉和地质的矿物质含量比例有很大的关系。山泉泡茶的确讨好，因为含有丰富的地下矿物质。台湾好的山泉，像是南投县埔里镇的山泉水源自玉山，堪称全台山泉的代表。

至于高矿物质的"硬水"可让茶的内质释放得细软滑腻，但喝多了硬水却不利健康，更不适泡茶。

家用的自来水呢？在宜兰的一位茶人家中，我看到了他的"治水"工程：从自来水管接上 PP 软管，以虹吸管接到一个水桶大的玻璃缸，玻璃缸里放一层备长炭、一层能量小分子球，讲究的程度不输专业的茶馆。

"硬水软化""水要鲜活"是他用水的要领，而且每次在加热壶内只容一半的水，不超过 98℃，绝不沸腾两次。是的，水如果"煮老"了，泡茶是减分的。烧水，除了水质重要，水的温度尤其重要，不宜温度过高，不宜沸腾过头，不宜一滚再滚，不宜重复加温。

"新茶低温，老茶高温"，"生茶短泡，熟茶长煮"，是宜兰茶人的泡茶四口诀。低温不要低于 90℃，高温不要高于 98℃，熟茶则是大开之后，小火慢煮，生茶短泡论秒，长煮论分，短泡逐次拉长秒数，长煮不长过半小时。

茶汤入口，温度不宜偏高，依茶的特性，大致在 45℃—60℃之间。

还有，茶汤入口不一定要学专业的评茶师，在口中振动出声，不妨试着适温入口，好好地在口中"细嚼慢吞"，再吸一口新鲜空气，明白之中，才能体会茶汤的细微变化。

214

用正确的水质、时间与温度冲泡，才能泡出普洱茶的真味。（场地提供：新芳春茶行，王林生 摄）

（场地提供：新芳春茶行，茶具提供：陶作坊，王林生 摄）

给普洱茶一个安心的家

普洱茶若存放不当，放久了不但不会变得更好喝，还可能会有异味、杂味甚至霉味。

普洱茶的存放最怕以下九件事：

一、怕光： 不要让普洱茶直接接触阳光或日晒。

二、怕烟： 不要太靠近厨房、餐厅，有油烟甚或檀烟，茶都会吸附烟味。

三、怕潮： 不要太靠近卫浴空间或厕所附近。

四、怕香气： 不要靠近卧室的化妆台；不要放在有檀香或沉香的空间，香道和茶道的结合是在品饮，但不是存放之处。

五、怕柜子： 柜子或抽屉的木头味甚至合成胶的味道，长久存放会渗透到普洱茶身，让它喝起来会有"柜子味"。

六、怕阴暗： 阴暗的地方容易霉变，藏污纳垢不易发现。

七、怕高热： 高温潮湿会让普洱茶加速发酵甚或变质。

八、怕空旷： 存放的空间过大，香气和滋味容易发散掉。

九、怕虫害： 新旧普洱难免有茶虫，存茶不宜被虫蛀。

家中的普洱茶，数量不多的话，可放在完整的纸箱或纸筒里；如果已经打散，可放在陶瓷或瓦罐里保存。用纸箱或陶罐做普洱茶的"家"，总是安全的。

存放的温度与湿度

　　普洱茶存放的温度，在 15°C—30°C 之间，相对湿度则在 40%—80% 之间，较为适宜。台湾的年均温是 23.5°C，相对均湿 75%，正是普洱茶适宜存放的环境！

　　当然，每个地方依自然气候的不同，存放的地方只要不让普洱茶过湿变质，就会形成"台湾仓""大马仓""韩国仓""香港仓""广州仓"，而且风味各异。

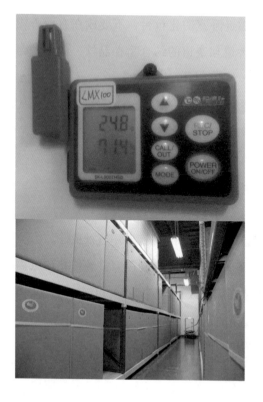

台湾的温湿度很适合存放普洱茶，但也有存放普洱茶的标准仓。

普洱茶与茶器的百搭

喝普洱茶用宜兴紫砂壶、用景德盖杯、用德化白瓷、用潮汕拉坯小壶，以我的经验似乎百搭。

茶器随着茶饮方式的改变，不断地推陈出新，但仍不出盖杯或茶壶的形式。普洱茶的香气和滋味在所有的茶类中独树一帜，无惧茶器夺香祛韵，尤其是使用紫砂壶长期泡普洱老茶，壶身内里泛出油光，更是温润可爱，使用器身宽广的茶壶或盖杯更适搭配。

普洱茶的香气和滋味无惧茶器夺香祛韵。（场地提供：新芳春茶行，王林生 摄）

当代普洱的年份识别

当代普洱的新茶,你可以从外观将年份识别清楚吗?下方照片中,左边那片是2018年,中间那片是2014年,右边那片是2016年。五至六年的新茶,由于转换的时间还没有很长,所以比较不易由外观的油光、润度、光泽与饼面颜色变深的程度,作明确的判别。

新茶饼面压制的松紧度会影响陈化(转换发酵)的速度,三饼茶中,左边2018年的比较松,它的发酵速度较快,转换的甘醇会较浓强。2014年与2016年的比较紧实,相对转换得比较慢。转换慢的饼茶,陈化的时间和可以品饮的时间,会比转换快的要

普洱新茶的年份识别不易。(场地提供:新芳春茶行,王林生 摄)

更久。

反观使用传统工艺的号字级和 20 世纪 70 年代的普洱老茶，两者相较之下，号字级的饼面松紧较适度，转换得较快，而 70 年代的饼则比较紧实，所以发酵的速度比较慢，但这两者都使用传统晒青制作工艺，所以都不会影响它的本质，除非存放的环境不好。

生普新茶与老茶收藏的窍门

对于当代普洱茶的入门品鉴和收藏，我也归纳出了一个心得，与大家分享：将选普洱茶的标准拉高，用倒金字塔来定义，就会建立起一个系统。我们从挑选万分之三到千分之三来说明，什么是收藏级，什么是品饮级，什么是入门的茶之饮。

品饮级

入门选茶不仅仅是听故事、看外观、论内质而已，喝普洱茶更要喝有标准、有认证体系、有食安检验的。普洱茶要喝可以安全品饮，能够分辨出是否符合原产地规范的茶，以有认证的普洱茶，作为品饮的前提与基础。

收藏级

收藏级的普洱茶不但要好喝，还要有原产地的认证和规范，并通过食安检验。就像法国葡萄酒的产区、小产区、知名顶级小产区的概念，来选千分之三、万分之三的好酒，符合真、精、稀原则，来自小产区的精品茶，才是值得品鉴和收藏的。

以收藏的标准再划分成：它是个人喜好的奢侈品收藏，还是具有普世价值的艺术品、能够做次级市场流通的收藏。

喝普洱茶，是用故事来喝这口好喝的茶，还是用证据来说话？好喝又有证据的茶，才有普世价值（好喝是前提，证据是根本）。如果提不出证据，好喝但说不清楚、讲不明白，虽是个人品味与喜好，但就走向奢侈品这一路了。

遇上能够收藏的精品级普洱茶，要如何判别是普世价值这一路，还是奢侈品这一路？方法很简单，就像红酒的酒标一样。普洱茶的包装纸上藏着所有普洱茶的信息，信息越完整越清楚，表示它的证据越可靠。

品味与收藏，不是以自己的主观喜好凭感觉选择藏品。先做功课、找资料、找书籍、找刊物、找专家请教……，有了"底气"，再到有口碑的通路小试出手。

什么是收藏级的好茶？王曼源提出的三个观点很值得参考：一是嘴巴能接受，如果入口觉得不舒服，就不是好茶；二是身体要能接受，如果喝下肚子会有不好的反应，就不是好茶；三是价钱能接受，他说，再好的茶如果不是物超所值，就不是好茶，也就是质价比要高。

总之，善用"望、闻、问、沏"，看品质，闻香气，问来历，和把脉一样，要喝才买，就可挑选到优质的普洱茶。最后要注意的是，"买老茶，重来历；买新茶，重履历。"不管新茶老茶，品牌、品质的来历出处，都是最重要的。

挑普洱茶要看品质，闻香气，问来历，才能挑到优质的普洱茶。
（场地提供：新芳春茶行，王林生 摄）

后记

老厂长一生就做一件事——为天下人做好茶。他试千剑而后知剑，在审评室把茶的审评当成日课，几十年来从不间断。

从申请第一张茶园证，到制作第一饼有电子身份证的普洱茶，老厂长 20 年来不断求新求变，甚至近几年在"大师做小罐茶"的时尚旋风里勇往直前，还说："小罐茶的合作，让我获益良多，海湾茶厂生产制程的标准，也因此提高了许多，我们非常感谢小罐茶。"

这本书，我以亲自造访老厂长、卢厂长的方式，把坊间流传的国营勐海茶厂的茶，从"红印""绿印"到"7542""8582""88青"的来龙去脉，一一厘清，总算解开茶友们长期以来藏在心中的许多疑惑。是什么样的工艺、什么样的拼配，让大家如此追捧？这个谜底，老厂长是最能解码的人。从此茶友们大可不必用放大镜看纸、评字、鉴色，陷入不知所云的五里雾中而苦不堪言，对普洱茶望之却步。

而邹小兰对这本书的订正与勘误，在此更要表达最高的谢意。

2020 年 7 月底，我收到老厂长徒弟刘笑愚新寄来的小龙凤团茶样茶，便邀请杨会长、刘建林、王荣文、远流总编辑林馨琴、新芳春茶行馆长陈静瑶一起试茶。

我们以号字级"8582"与"红印"级"7542"为茶底，从号字级、印字级到七子饼，用老厂长的制作工艺贯穿历史，并由邓老师点评。

首先试的样茶，是老厂长根据"8582"配方，采用 65％临沧地区勐库镇寨子级别，35％版纳地区勐腊县勐海寨子级别为原料，风味近号字级。

邓老师很谦虚地说，茶友一起品饮，不需批评便是。但他

茶友们一起品饮老厂长的样茶，从左至右依序为：杨子江、邓时海、王荣文、林馨琴、陈静瑶、刘建林。

以号字级"香、甜、柔、甘、醇"的标准，要求这片要有"劲道"，才适合长期存放。

另一片样茶，是老厂长以"7542"配方，带"红印"气强、味浓、韵酽特点，苦中生津回甘快的茶品。

邓老师对这片茶的意见，是品饮时喝到一点勐海茶区特有的烟熏味。他要我查查，这片茶在制作工艺上的两个关键问题：一是杀青的锅温与时间，二是毛茶是晒青还是烘青。

我立刻向王海强查询，得到的答案是：杀青锅温在 80°C 到 100°C 之间，而临沧料的杀青，用了 20 至 30 分钟，勐海原料则是 30 分钟以上。

王海强也确认，他们所有的毛茶都是传统工艺的晒青，不是烘青毛料。

邓老师其实是要确认这两款是否以"生饼"的传统工艺制作，适合品饮与长期储存，而不是只适合喝却没有收藏价值的"青普"。

爱普洱茶，我们有一份情操，更有共同的愿望。我们喝茶品茶，老厂长则是把做茶当生命。老一辈茶人的事茶精神，是我们学习的榜样。

这本书，为普洱茶开启了一扇全新的窗口，我既是作者，更是读者。不用去故宫，不必到恭王府，且让我们跟着老厂长喝茶去，一起把普洱茶带进我们的生活之中。